农产品加工技术汇编系列丛书

肉类加工技术

冯 伟 主编

中国农业科学技术出版社

图书在版编目（CIP）数据

肉类加工技术 / 冯伟主编. —北京：中国农业科学技术出版社，2016. 12
ISBN 978 - 7 - 5116 - 2856 - 5

Ⅰ. ①肉…　Ⅱ. ①冯…　Ⅲ. ①肉制品—食品加工　Ⅳ. ①TS251. 5

中国版本图书馆 CIP 数据核字（2016）第 284794 号

责任编辑　张孝安
责任校对　李向荣
出 版 者　中国农业科学技术出版社
　　　　　北京市中关村南大街 12 号　邮编：100081
电　　话　(010)82109708(编辑室)　(010)82109702(发行部)
　　　　　(010)82109709(读者服务部)
传　　真　(010)82106650
网　　址　http://www.castp.cn
经 销 者　各地新华书店
印 刷 者　北京富泰印刷有限责任公司
开　　本　710mm ×1000mm　1/16
印　　张　6. 25
字　　数　100 千字
版　　次　2016 年 12 月第 1 版　2016 年 12 月第 1 次印刷
定　　价　32. 00 元

农产品加工技术汇编系列丛书

编委会

肉类加工技术

主　　编：冯　伟

副主编：石汝娟　夏　虹

参编人员（按姓氏拼音排序）：

耿晴晴　霍　颖　王军莉　张思谊

赵　威

前 言

PREFACE

农产品加工业是农业现代化的重要标志和国民经济战略性支柱产业。大力发展农产品加工业，对推动农业供给侧结构性改革和农村一二三产业融合发展，促进农业现代化和农民持续增收，提高人民生活质量和水平具有十分重要的意义。

农产品加工是指以农业生产中的植物性产品和动物性产品为原料，通过一定的工程技术处理，使其改变外观形态或内在属性的物理及其化学过程，按加工深度可分为初加工和精深加工。初加工一般不涉及农产品内在成分变化，主要包括分选分级、清洗、预冷、保鲜、贮藏等作业环节；精深加工指对农产品二次以上的加工，使农产品发生化学变化，主要包括搅拌、蒸煮、提取、发酵等作业环节。积极研发、推广先进适用的农产品加工技术，有利于充分利用各类农产品资源，提高农产品附加值，生产开发能够满足人民群众多种需要的各类加工产品，是实施创新驱动发展战略，促进农产品加工业转型升级发展的重要举措。

近年来，我国农产品加工业在创新能力建设、技术装备研发和人才队伍培养等方面均取得了长足进步，解决了农产品加工领域的部分关键共性技术难题，开发了一批拥有自主知识产权的新技术、新工艺、新产品、新材料和新装备。为加强农产品加工新技术、新装备的推广和普及，农业部农产品加工局委托农业部规划设计研究院的专家学者，以近年来征集的大专院校、科研院所及相关企业的农产品加工技术成果为基础，组织编写了

农产品加工技术汇编系列丛书。该系列丛书共有四册，分别是《粮油加工技术》《果蔬加工技术》《肉类加工技术》和《特色农产品及水产品加工技术》，筛选了一批应用性强、具有一定投资价值、可直接转化的农产品加工实用技术成果进行重点推介，包括技术简介、主要技术指标、市场前景及经济效益等方面的内容，为中小加工企业、专业合作社、家庭农场等各类经营主体投资决策提供参考。我们由衷期待，这套丛书能够为加快我国农产品加工新技术、新装备的推广应用，促进农产品加工业转型升级发展，带动农民致富增收发挥积极有效的作用。

由于编者水平有限，书中难免出现疏漏和不妥之处，敬请读者批评指正。

编　者

2016 年 10 月

目 录

CONTENTS

1　肉品加工技术

1.1　概述

1.1.1　主要原料及其生产情况

我国是畜牧业养殖大国，肉类产量连续多年位居世界第一位。肉类工业在食品工业乃至整个国民经济中占有重要地位，对世界肉类产业发展产生着越来越重要的影响。肉类加工行业的主要原料包括猪、牛、羊等各种牲畜和鸡、鸭、鹅等禽类。

2015 年，全国肉类总产量 8 625 万 t，比 2014 年下降 1.0%。其中，猪肉产量 5 487 万 t，同比下降 3.3%；牛肉产量 700 万 t，同比增长 1.6%；羊肉产量 441 万 t，同比增长 2.9%；禽肉产量 1 826 万 t，同比增长 4.3%。2015 年末生猪存栏 45 113 万头，同比下降 3.2%；生猪出栏 70 825 万头，同比下降 3.7%。2015 年，猪肉进口 77.8 万 t，同比增 37.8%；猪杂碎进口 81.7 万 t，同比减 0.4%；牛肉进口 47.4 万 t，同比增 59.0%；羊肉进口 22.3 万 t，同比减 21.2%。

1.1.2　肉类加工行业现状

肉类加工是指针对各种牲畜、禽类进行屠宰以及以各种畜、禽肉为原料加工成熟肉制品的产业活动。肉类加工的主要产品是生鲜肉及肉制品。其中，生鲜肉是指可以食用的动物的皮下组织及肌肉，其富含大量的蛋白质、脂肪和卡路里。生鲜肉可以分为白肉和红肉。白肉广义上是指肌肉纤维细腻、脂肪含量较低、脂肪中不饱和脂肪酸含量较高的肉类，包括鸟类（鸡、鸭、鹅、火鸡等）、鱼、爬行动物、两栖动物、甲壳类动物（虾蟹

等）或双壳类动物（牡蛎、蛤蜊）等。红肉指牛、羊之类的哺乳动物的肉类。生鲜肉从产品工艺分还可以分为热鲜肉、冷却肉和冷冻肉。热鲜肉是指屠宰后未经人工冷却过程的肉。冷却肉（或称冷鲜肉）是指在0℃环境以下，将肉中心温度降低到0～4℃，而不产生冰结晶的肉。冷冻肉是指在低于－23℃环境下，将肉中心温度降低到≤－15℃的肉。肉制品，是指用畜禽肉为主要原料，经调味制作的熟肉制成品或半成品，如香肠、火腿、培根、酱卤肉、烧烤肉等。肉制品可分为中式肉制品和西式肉制品两大类；按照产品加工方法不同，以及产品内在质量和口味的变化，可以分为腌腊制品、酱卤制品、熏烧烤制品、火腿制品、肠类制品、肉干制品、油炸制品和罐头制品等；按照加热杀菌温度不同，可以分为高温肉制品和低温肉制品。

2014年，全国规模以上肉类加工企业数量为3 878家，比2013年增加99家。其中，牲畜屠宰企业1 339家，占全部规模以上肉类加工企业数量的34.53%；禽类屠宰企业849家，占21.89%；肉制品及副产品加工企业1 598家，占41.21%；肉、禽类罐头制造企业92家，占2.37%。分区域看，东部地区肉类加工企业有1536家，占全部规模以上肉类加工企业数量的39.61%；中部地区肉类加工企业有907家，占23.39%；西部地区肉类加工企业有958家，占24.7%；东北地区肉类加工企业有477家，占12.3%。

2014年，全国规模以上肉类加工企业完成主营业务收入13 115.86亿元，同比增长8.45%。增速较去年同期回落了6.03个百分点。其中，牲畜屠宰企业完成主营业务收入4 944.55亿元，同比增长8.26%；禽类屠宰完成主营业务收入3 096.22亿元，同比增长6.45%；肉制品及副产品加工企业完成主营业务收入3 837.27亿元，同比增长10.11%；肉、禽类罐头制造企业完成主营业务收入215.72亿元，同比增长12.11%。分区域看，东部地区肉类加工企业完成主营业务收入5 049.28亿元，同比增长9.04%；中部地区肉类加工企业完成主营业务收入3 464.96亿元，同比增长12.73%；西部地区肉类加工企业完成主营业务收入2 585.95亿元，同比增

长9.69%；东北地区肉类加工企业完成主营业务收入2 015.68亿元，同比下降0.8%。

2014年，全国规模以上肉类加工企业累计实现利润总额657.02亿元，同比下降2.58%。其中，牲畜屠宰企业实现利润总额为256.8万元，同比下降7.68%；禽类屠宰企业实现利润总额为134.54万元，同比下降2.31%；肉制品及副产品加工企业实现利润总额252.29亿元，同比增长1.67%；肉、禽类罐头制造企业实现利润总额13.39亿元，同比增长29.22%。

1.1.3 肉类加工技术发展趋势

肉类加工技术包括冷却肉生产技术、低温肉制品加工技术、传统肉制品加工技术等。冷却加工技术的全程质量控制体系初步建成，但我国生鲜肉加工由于缺少宰前管理、屠宰、分割、包装、贮运和检测等系统的工程化技术，质量安全控制技术仍有待完善；我国低温肉制品加工技术与工艺正逐渐接近、甚至部分已经达到国际先进水平，但低温肉制品加工过程中的质量控制技术、保鲜技术等仍需要进一步完善；我国传统肉制品技术具有色、香、味、形俱佳的特点，然而，千百年来由于一直用传承技术进行手工作坊式生产，加工工程不规范，产品包装落后，产品标准不统一等，不适应大规模标准化工艺生产需求，为保护和发扬光大我国传统肉制品加工技术，在“十五”和“十一五”期间，通过对传统肉制品现代化改造技术立项支持，系统研究并初步阐明了干腌火腿的风味形成机制，在此基础上，研发了自动滚揉腌制、控温控湿干燥成熟等工艺及装备，中式肉制品正由传统的作坊制作向现代工厂化生产迈进。

近几年，我国肉类工业通过技术进步正经历一场深刻的变革，特别是在一些规模化企业中，具有国际先进水平的生产装备和工艺技术得到应用，缩小了与先进国家的技术差距，提高了生产效率，推动了中国肉类的工业化和现代化进程。各种在冷环境中加工的生鲜肉类，以及各种现代西式肉制品从无到有，由少到多，丰富了市场上肉食的品种，改善了居民生活质

量。未来也将在持续变革中加速前行。

1.2 肉品加工实用技术

1.2.1 适合特殊人群的肉制品加工技术

1.2.1.1 技术简介

由模拟脂肪加工技术、海藻肠加工技术与营养均衡汤品加工技术集成的适合特色人群的肉制品加工技术，遵循传统医学养生理论，合理搭配天然食材，保持了肉制品良好的形态、色泽、质地及其他感官与风味特征。产品具有低胆固醇、营养均衡、易于消化吸收的特点，能够满足了糖尿病、高血压、高血脂等人群对饮食的特殊需求，符合消费者追求天然、健康、绿色的现代饮食理念。同时模拟脂肪加工技术还可用于各类素食的研发，以及制备耐高温、吸水率强的高档果冻等。

1.2.1.2 主要技术指标

利用模拟脂肪加工技术生产出肉制品脂肪含量小于3%，远远低于市场上一般肉制品25% ~30%的脂肪含量；利用海藻肠加工技术生产的肉制品热量比同类香肠低30%以上，特别适合糖尿病人食用；同时选择添加可溶的或不溶的或混合型的成品膳食纤维块，极大地简化了加工工艺；营养均衡汤品加工技术选取天然食材，合理搭配营养，不添加一般肉制品添加的食品添加剂，经过现代化加工生产出的汤品具有养颜补钙功效。

1.2.1.3 投资规模

固定资产投资200万~300万元。

需要厂房：冷库、前处理车间、加工间、包装间、成品库等。

需要设备：搅拌机、模具、蒸煮锅、包装机等。

同时根据产能规模的要求配套建设工业废水处理、固体废弃物处理、配电、通信及给水排水等设施。

1.2.1.4 市场前景及经济效益

该技术的推广应用可为消费者提供营养均衡的肉制品，满足特色人群的营养需求，为企业带来良好的社会效益。以模拟脂肪加工技术为例，从经济效益上来看，模拟脂肪的直接成本（物料）为 4.15 元/kg，不到猪脂肪成本价的1/2，以香肠制品为例，以肉重的 20% ~30% 模拟脂肪取代肥肉，每吨产品可降低成本 1 170 ~1 755 元，为企业带来可观的利润。

1.2.1.5 联系方式

联系单位：中国肉类食品综合研究中心

通信地址：北京市丰台区洋桥 70 号

联系电话：010 - 67264749

电子信箱：cmrcyt@ 126. com

1.2.2 中式休闲肉制品定量卤制技术

1.2.2.1 技术简介

目前，酱卤肉制品规模化生产主要采用夹层锅卤煮熟化。传统卤制采用过量汤卤工艺，蒸煮损失大，出品率低，火候控制主观性强；原料肉对香辛料的非等比例吸收，导致工艺参数难以量化，产品质量不稳定，香辛料利用率低；反复卤煮导致产品中杂环胺、亚硝胺产生、迁移、富集，对食品安全造成隐患；风干型酱卤肉制品多采用自然风干、热风炕房脱水干燥，脱水干燥工艺缺乏，耗能耗时，氧化严重。中国农业科学院农产品加工研究所开发的定量卤制技术克服了传统卤制工艺的缺陷，通过精确优化原料与香辛料的工艺配比，发明了定量卤制技术，开发出节能快速节能干燥技术，建立了酱卤肉产品定量卤制工程化技术体系，实现了酱卤肉制品的定性定量调控和标准化生产。该技术通过干燥、蒸煮、烘烤工艺，实现无“老汤”定量卤制，减少了蛋白质等营养成分的流失，产品营养价值高，原辅材料的高效利用率及出品率高，生产中无废弃卤汤排出，工艺和操作流程简单，降低劳动强度，实现了酱卤肉制品的标准化、规模化、工业化

生产。

1.2.2.2 主要技术指标

产品出品率提高了6~8个百分点，批次间质量差异率低于1%；香辛料消耗量降低了5倍，利用率提高了3倍；杂环胺、亚硝胺含量降低了57%，提高了产品的安全性；节省劳动力70%以上，节能降耗50%以上，无废弃卤汤与料渣排放，实现清洁生产。

1.2.2.3 投资规模

日产10t的生产线所需投资约为2 200万元，流动资产投资500万元。厂方要求为通用食品车间标准，需配有蒸汽锅炉、高低温冷库。车间布局要求生熟分开。

1.2.2.4 市场前景及经济效益

该技术近5年来，先后在河南省、山东省、内蒙古自治区等10余家企业进行了示范推广，开发出新型酱卤类鸡、猪、牛、羊肉制品30余个，累计实现销售收入140多亿元，利税30多亿元。

1.2.2.5 联系方式

联系单位：中国农业科学院农产品加工研究所

通信地址：北京市海淀区圆明园西路2号

联系电话：010－62815950

电子信箱：zhbgs5109@126.com

1.2.3 低温高湿变温保鲜解冻技术

1.2.3.1 技术简介

我国酱卤肉制品生产使用的原料肉90%以上为冷冻肉，解冻伴随着水分、蛋白等营养成分的流失，导致重量损失与品质劣变损失高达6%~8%。生产上长期以来缺乏适用、经济的保鲜解冻技术。目前的冻肉解冻主要采用空气自然解冻、流水解冻、冷水解冻与热水解冻，以及一些新兴的解冻

方法如冰箱解冻、微波解冻、超高压解冻及欧姆解冻等，传统解冻发解冻速度慢、样品品质劣变严重，新型解冻法运行成本高，产业化运用尚不成熟。针对我国冻肉解冻现状，研究开发出低温高湿变温保鲜解冻技术（专利号：ZL 201210150785.1），并研制了冻肉保鲜解冻库（专利号：ZL 201220552709.9）。整个解冻过程中温度在2℃→（6~8）℃→2℃范围内变化，库内湿度始终保持在90%以上。该技术可广泛应用于用于原料肉的“冻变鲜”加工。生产上也可以对工厂现有的0~4℃的解冻库进行技术改造，并安装加湿及蒸汽喷射装置及温度、湿度监测控制系统，即可用于冻肉的保湿保鲜解冻。

1.2.3.2 主要技术指标

该技术成熟可靠、冷库结构简单、操作方便、造价便宜、运行成本低，冻肉解冻汁液由传统空气解冻的6%~8%降低到2%以下，肉样氧化程度低，微生物污染程度轻，解冻速率快，大幅提高了生产效率及产品质量。

1.2.3.3 投资规模

建造20 t冷冻肉，所需费用约为30万元；现有0~4℃的20 t冷库改造为新型解冻库的费用约为3万~5万元。厂房要求为通用食品0~4℃冷库标准，需配有蒸汽管道。

1.2.3.4 市场前景及经济效益

该技术近5年来，先后在河南省、山东省、内蒙古自治区等30余家企业进行了示范应用，广泛用于鸡、猪、牛、羊冻肉的保鲜解冻，取得了良好的经济与环境效益。

1.2.3.5 联系方式

联系单位：中国农业科学院农产品加工研究所

通信地址：北京市海淀区圆明园西路2号

联系电话：010-62815950

电子信箱：zhbgs5109@126.com

1.2.4 传统卤肉制品风味、色泽固化技术

1.2.4.1 技术简介

建立了传统卤肉制品一系列风味检测分析方法及适用于传统卤肉制品的风味评价体系。确定了传统卤肉制品相应的数据信息，完成其数字化认知以及传统卤肉制品主要挥发性风味物质。针对部分传统卤肉制品进行工艺配方的恢复。

1.2.4.2 主要技术指标

年产1 000t。该技术通过确定最佳工艺参数、调节配方配料对产品风味损失补偿、色泽缺陷补偿，使产品风味、色泽可控和稳定。结合该技术形成的酱卤肉风味补充剂，可以使产品一致率达到95%。

1.2.4.3 投资规模

投资规模主要在600万~800万元。需要的关键设备包括煮制锅、盐水注射机、包装机、高温杀菌釜等。

1.2.4.4 市场前景及经济效益

该技术已经成功应用于酱卤肉制品的工业化生产，有效提高了产品的一致率，产生了良好的经济效益和社会效益。

1.2.4.5 联系方式

联系单位：中国肉类食品综合研究中心

通信地址：北京市丰台区洋桥70号

联系电话：010-67264731

电子信箱：cmrcyt@126.com

1.2.5 清真肉制品加工技术

1.2.5.1 技术简介

清真肉制品加工技术适合少数民族消费者食用，风味独特，受到了大

家的一致好评，发展前景广阔。

1.2.5.2　主要技术指标

关键技术使用烟熏液和低温热加工，不仅保留了产品的嫩度和风味，还避免了产生致癌物质。在健康的基础上保证了口感。

1.2.5.3　投资规模

投资规模主要在500万~600万元。需要的关键设备包括解冻池、低温冷库、搅拌机、斩拌机、灌肠机、烟熏炉、烤炉和真空包装机等。

1.2.5.4　市场前景及经济效益

该技术已经成功应用于工业化生产，形成不同风味的清真产品系列，建成牛排生产示范线，产生了良好的经济效益和社会效益。

1.2.5.5　联系方式

联系单位：中国肉类食品综合研究中心

通信地址：北京市丰台区洋桥70号

联系电话：010－67264731

电子信箱：cmrcyt@126.com

1.2.6　特殊膳食用肉制品加工技术

1.2.6.1　技术简介

将营养学与肉制品加工技术相结合开发生产适合特殊人群和对饮食有特殊需求消费者的肉制品。

1.2.6.2　主要技术指标

年产1 200t。高钙肉制品的钙含量在120~200mg/100g；低脂肉制品脂肪含量小于3%，远远低于市场上一般肉制品脂肪含量。

1.2.6.3　投资规模

投资规模在800万~900万元。需要的关键设备包括绞肉机、斩拌机、真空搅拌机、灌肠机和包装机等。

1.2.6.4 市场前景及经济效益

该技术已经成功进行了产业化生产示范，有效提高了肉制品的钙含量并降低了其脂肪含量，取得了较好的经济和社会效益。

1.2.6.5 联系方式

联系单位：中国肉类食品综合研究中心

通信地址：北京市丰台区洋桥70号

联系电话：010－67264731

电子信箱：cmrcyt@126.com

1.2.7 高钙低钠凝胶类低温肉制品生产技术

1.2.7.1 技术简介

在凝胶类低温肉制品的制备过程中采用谷氨酸螯合钙替代部分食盐，降低了凝胶类低温肉制品的钠含量，解决了凝胶类低温肉制品钙含量低的问题，有利于人体钙质的补充。

1.2.7.2 主要技术指标

制备凝胶类低温肉制品的过程中用谷氨酸螯合钙替代部分食盐，按质量百分含量计，所制备的凝胶类低温肉制品中谷氨酸螯合钙的添加量为0.4%～1.25%，食盐的添加量为0.4%～2.0%。

1.2.7.3 投资规模

投资规模在3万元左右。需要配备低温凝胶类肉制品原有生产设备。

1.2.7.4 市场前景及经济效益

本技术属于食品科学技术领域，具体涉及谷氨酸螯合钙在降低凝胶类低温肉制品钠含量及生产高钙产品中的应用。

1.2.7.5 联系方式

联系单位：南京农业大学国家肉品质量安全控制工程技术研究中心

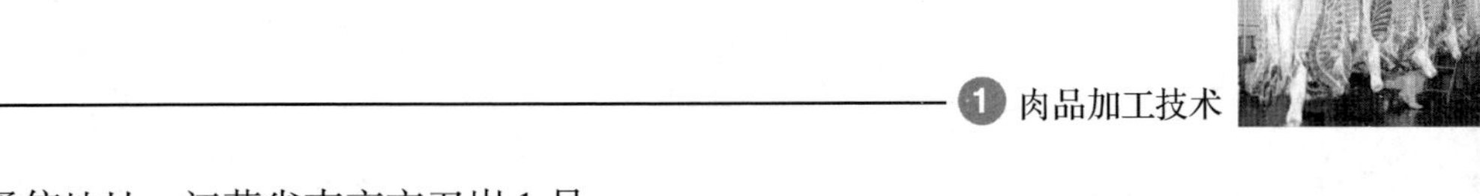

通信地址：江苏省南京市卫岗1号

联系电话：025－84395689

电子信箱：xlxu@ njau. edu. cn

1.2.8 烟熏肉制品表面上色方法

1.2.8.1 技术简介

该技术提供一种烟熏肉制品表面上色方法。用这种技术处理后的烟熏肉制品，色泽均匀、稳定，味道均衡且能够保持2～3个月不变，外观不褪色。

1.2.8.2 主要技术指标

（1）货架期

老工艺：2个月后，产品褪色严重。

新工艺：2～3个月，产品外观无明显变化，正常烟熏色。

（2）能耗

老工艺：烟熏60℃，30～40min，湿度50%，低速运行。

改进后工艺：烟熏60℃，15～20min，湿度50%，低速运行。

（3）理化指标

老工艺：苯并(a)芘≤5μg/kg。

新工艺：苯并(a)芘≤2μg/kg。

1.2.8.3 投资规模

项目在实施过程中，需配置护色溶液，100kg水中需添加混合物0.3kg，成本20.4元。灌装好的产品在溶液中浸泡时不会造成溶液的损失，因此色素溶液可使用一个班次。相比而产品不经过浸泡的情况下，达到相同的外观质量可节省0.5元/kg。原材料主要来源于外部购买，加工工艺及加工条件与改造前无变化。因产品褪色导致的退货率由原来的4%降低到2%，翌年新增销售收入50万元。

1.2.8.4 市场前景及经济效益

通过减少产品烟熏时间，降低产品苯并(a)芘含量，提高食品安全性。可以降低能耗，节约烟熏材料，提高产品保质期。具有广阔的市场前景和良好的经济效益。

1.2.8.5 联系方式

联系单位：河南众品食业股份有限公司

通信地址：河南省长葛市众品路众品食业园

联系电话：0374-6226219

电子信箱：zjl@ zhongpin. cn

1.2.9 小包装肉制品辐照的加工技术

1.2.9.1 技术简介

小包装肉制品（酱卤肉制品、烧鸡等）因其卫生方便等优点，在肉制品市场中占有率逐年提高，但由于其包装后大都采用高温蒸煮灭菌技术，不可避免的造成肉制品中营养风味损失。本技术成果采用低温结合辐照杀菌技术，在解决产品保质期的同时有效保持产品的营养和风味，是高新技术在小包装肉制品生产上的应用。结合筛选出的天然抗氧化剂，有效地抑制脂肪氧化，提高肉制品的品质风味。

1.2.9.2 主要技术指标

产品无罐头味和辐照异味，质保期12个月，最大限度地保持肉制品的质量和营养价值，可规模生产。

1.2.9.3 投资规模

利用现有生产厂房及设备（包括冷藏库）等，每吨产品增加运输辐照费等约1 000元。需要常规的肉制品加工厂房及其加工设备、包装设备等。

1.2.9.4 市场前景及经济效益

产品质量风味提高，具有酱卤肉制品自然风味，具备经济和社会效益，

提高了市场竞争力。

1.2.9.5 联系方式

联系单位：安徽省农业科学院农产品加工研究所

通信地址：安徽省合肥市庐阳区农科南路40号

联系电话：0551－5160923

电子信箱：hfliuchao@ tom. com

1.2.10 天然食用色素在肉制品加工中的应用研究

1.2.10.1 技术简介

主要研究甜菜红色素提取技术、色素稳定性技术及色素在肉制品加工中应用。用甜菜红色素对肉制品着色，低温下颜色可长期保持稳定，并且甜菜红色素具有良好的清除亚硝酸盐的能力。因此，用甜菜红色素对肉制品进行着色，即可作为肉制品的着色剂，又可作为亚硝酸盐的清除剂。

1.2.10.2 主要技术指标

天然食用色素在肉制品加工中的应用技术可以日产25kg甜菜红色素。具备良好的稳定性。

1.2.10.3 投资规模

投资规模主要在200万~300万元。厂房面积在500~1 000m^2，需要配备相应的色素提取设备等。

1.2.10.4 市场前景及经济效益

预计可年获利达100万元。甜菜红色素色泽鲜艳，着色均匀，无异味，具有较好的着色功能，广泛应用于饮料、糖果、冰激凌、肉制品等的着色。市场前景良好。

1.2.10.5 联系方式

联系单位：吉林省农业科学院

通信地址：辽宁省长春市净月开发区彩宇大街1363号

联系电话：0431－87063231

电子信箱：Xpnan001@163.com

1.2.11 大型、高效复式隧道脱毛生猪屠宰线

1.2.11.1 技术简介

该技术成果中主要创新技术为：①智能低压高频电击致晕技术；②冷凝式饱和蒸汽烫毛技术；③红脏/白脏/胴体三线同步检疫技术；④基于全屠宰周期质量及检验检疫数据的可追溯技术。

通过装备研制与系统集成成功开发的600头/h大型复式隧道脱毛生猪屠宰线，技术先进，性价比高，具有很强的竞争力，成功攻克了目前屠宰生产线效率低下、肉品安全性差的难题。

1.2.11.2 主要技术指标

屠宰效率、自动化程度高，最高效率达600头/h，且可按生产需求，采用不同的组合，可以组装成不同产量的生产线；同时更有利于卫生控制，提高生产的安全性和追溯监控能力。其主要技术经济指标与该领域世界领先的荷兰STORK、德国BASS公司的同类产品相比较，在国内处于领先水平，达到了世界先进水平。

1.2.11.3 投资规模

本成果平均每套价格为1 500万元/套，而同类进口设备平均价格为2 500万元/套，在同等生产能力和生产质量的条件下，一次性节约开支1 000万元/套，生产线设计使用寿命按10年计算，则平均每年可节约开支200万元。

根据机械厂房设计规范要求，各分区之间保持一定的距离，满足生产、消防、卫生、环境的要求；车间内满足生产工艺要求，布置生产设备和装配生产线组织合理的生产流程，减少内部运输，避免人流、车流、物流的交叉干扰；厂区铺设草坪绿化，美化环境，减少粉尘。同时根据产能规模

的要求配套建设工业废水处理、固体废弃物处理、配电、通信及给排水等设施。

1.2.11.4　市场前景及经济效益

近三年来，成果在市场得到成功推广与应用，累计新增产值38.27亿元，其中，新增利润累计达11 021万元，上缴税收累计达10 174万元。成果已经在江苏万润肉类加工有限公司等5家企业得到推广使用，提高了企业的生产技术水平、工艺现代化程度以及产业化规模，每年累计为5家企业新增收入49.6亿元。与同类进口设备相比，本项目成果在同等生产能力和生产质量的条件下，一次性投资可节约1 000万元/套，具有良好的推广应用前景。

1.2.11.5　联系方式

联系单位：江苏雨润肉类产业集团有限公司

通信地址：江苏省南京市建邺区雨润路17号

联系电话：025－86928008

电子信箱：baocaixu@163.com

1.2.12　烤中猪加工技术

1.2.12.1　技术简介

技术：猪品种的选择、猪的大小、电烤炉的烘拷技术。

产品特点：加工后的猪肉作为菜肴用香脆可口、食用方便。

1.2.12.2　主要技术指标

主要经济指标：利润100元/头猪。产量100~150头/d。

主要技术指标：品种为皮薄含五花肉多的品种，60kg重，烤至70%成熟。

1.2.12.3　投资规模

投资规模预计300万~500万元。需要加工用电烤炉等设备。

1.2.12.4 市场前景及经济效益

每年可获得利润360万~540万元。该技术加工后的猪肉味道可口，广受好评，具有非常广阔的市场前景。

1.2.12.5 联系方式

联系单位：浙江省平湖市港丰食品有限公司
通信地址：浙江省平湖市独山港镇韩庙开发区
联系电话：0571-86408402
电子信箱：tinwaigao@gmail.com

1.2.13 中式传统干腌火腿现代化加工技术

1.2.13.1 技术简介

干腌火腿是我国传统风味肉制品中最具代表性的产品，是指采用整只猪后腿经加盐腌制和长达数月甚至1~2年的自然发酵成熟而制成的一类腌腊肉制品。这类产品在我国之所以历经数百年，一直深受消费者的喜爱，究其原因，这类产品除了具有良好的保藏性外，最突出的品质特征就是具有独特的质地和浓郁的腌腊风味，其色鲜肉嫩，清香浓郁，肥瘦适宜，油而不腻。本技术综合国内外著名干腌火腿加工技术，选择优质原料，精确控制加工过程中的技术参数，采用标准化体系进行火腿的周年化生产，既保持了产品的传统风味特性，又降低了产品的食盐含量。

1.2.13.2 主要技术指标

选择原料腿→冷凉→修整→腌制→平衡→清洗→干燥→发酵成熟。

标准化生产技术使得传统干腌火腿的次品率降到5%以下，大大地提高了产品效益。

1.2.13.3 投资规模

日生产1t火腿的生产线所需投资约为650万元，流动资产投资300万元。厂方要求为通用食品车间标准，需配有冷藏腌制间、控湿低温平衡间、

控湿控温成熟间、锯骨机、真空包装机等配套设施。

1.2.13.4　市场前景及经济效益

该技术已经在云南、宁夏等地进行产业化转化，利润率可达30%以上。具备较好的市场前景，经济和社会效益良好。

1.2.13.5　联系方式

联系单位：中国农业科学院农产品加工研究所

通信地址：北京市海淀区圆明园西路2号

联系电话：010－62816473

电子信箱：zhanbinbj@126.com

1.2.14　冷却猪肉加工与质量安全控制关键技术

1.2.14.1　技术简介

PACCP技术、典型微生物的预测预报技术、多栅栏减菌技术、冷链不间断技术、胴体分割与分级技术、PSE肉检测与控制技术、胴体快速冷却与降低干耗技术、污染物在线检测技术、全程质量管理体系等。

1.2.14.2　主要技术指标

胴体表面初始菌数<10 000（cfu/g）以下，预冷损耗<1.0%，滴水损失<2.0%，PSE肉发生率<10%，货架期达>7d以上。

1.2.14.3　市场前景及经济效益

已在江苏雨润食品产业集团有限公司、江苏省食品集团等企业推广示范。产生了较好的经济和社会效益。

1.2.14.4　联系方式

联系单位：南京农业大学国家肉品质量安全控制工程技术研究中心

通信地址：江苏省南京市卫岗1号

联系电话：025－84396937

电子信箱：meatlab@ njau. edu. cn

1.2.15 基于 SNPs 的猪肉 DNA 溯源技术

1.2.15.1 技术简介

DNA 溯源技术中的 SNPs 标记，具有易分型，检测快速、适用于高通量、自动化检测的优点。

1.2.15.2 主要技术指标

利用 HRM 法对 299 个样品的所有位点进行了基因型检测。通过计算每个位点的基因杂合度发现这 10 个 SNP 位点的基因杂合度均在 0.4 以上。

1.2.15.3 投资规模

基于 SNPs 的猪肉 DNA 溯源技术的投资规模约 30 万元。需要的主要设备为实时荧光 PCR 扩增仪等分子生物学设备。

1.2.15.4 市场前景及经济效益

综合利用计算机技术和 DNA 分子标记，构建了肉品 DNA 溯源系统 v1.0，为今后 DNA 溯源技术的大规模应用奠定了一定的基础。

1.2.15.5 联系方式

联系单位：南京农业大学

通信地址：江苏省南京市卫岗 1 号

联系电话：025 - 84396808

电子信箱：chbli2002@ sina. com

1.2.16 畜禽腊制品抗氧化贮藏技术

1.2.16.1 技术简介

畜禽腊制品脂肪含量高使得保质期短、易氧化酸败，存在食品安全隐患。我们研发出一种以二氧化碳气体和高阻隔避光材料结合的方法来保存

腊制品。该技术产品具有无黏液、无霉点、无异味、无酸败味的特点。该方法纯物理抗氧化技术，未使用任何化学添加剂，成本低，加工操作简单，应用前景广泛。

1.2.16.2 主要技术指标

加工工艺流程：

畜禽腊制品→装入高阻隔避光袋→充入二氧化碳气体→封口包装→贮藏。

乙烯-乙烯醇共聚物（EVOH）与铝膜材料包装袋；结合充气包装机密封包装。

1.2.16.3 投资规模

建立50t畜禽腊制品的加工厂，在原有加工基础上需要固定资产投资10万元，流动资金20万元。厂房面积（包括仓库）500m^2，主要设备及配套设施包括食用二氧化碳、高阻隔避光包装袋和包装机等。

1.2.16.4 市场前景及经济效益

目前，市面腊制品还存在不少散装或无包装产品，存在食品安全隐患。此技术的推广应用可为消费者周年提供安全的腊制品，满足地方特色腊制品的供给需求，为企业带来良好的经济效益。如南昌特色菜——篱蒿腊肉。

1.2.16.5 联系方式

联系单位：江西省农业科学院农产品加工研究所

通信地址：江西省南昌市青云谱区南莲路602号

联系电话：0791-87090105

电子信箱：fjx630320@163.com

1.2.17 畜肉产品品质安全光学无损快速检测技术及装备

1.2.17.1 技术简介

（1）手持式牛肉大理石花纹检测装置。

①使用方式：手持式无损伤实时牛肉大理石花纹等级评价。

②检测参数：牛肉大理石花纹等级等。

（2）猪肉综合品质无损快速检测装置。

①使用方式：手持式和放置式两种工作方式。手持式由操作人员手持探头对准样品，触发按钮完成检测过程。放置式将探头安装在样品传送带上，当样品到达检测位置时自动启动探头进行连续在线检测。

②检测参数：猪肉水分含量、挥发性盐基氮、颜色、pH 值等。输出结果：显示和保存测试参数。

（3）牛肉综合品质无损快速检测装置。

①使用方式：手持式和放置式两种工作方式。手持式由操作人员手持探头对准样品，触发按钮完成检测过程。放置式将探头安装在样品传送带上，当样品到达检测位置时自动启动探头进行连续在线检测。

②检测参数：牛肉嫩度、水分、颜色、蒸煮损失率等。

（4）便携式生鲜肉新鲜度无损检测装置。

①使用方式：便携式无损伤实时检测生鲜肉新鲜度。

②检测参数：生鲜肉新鲜度，包括挥发性盐基氮、颜色、pH 值等。

1.2.17.2 主要技术指标

（1）手持式牛肉大理石花纹检测装置。

①技术指标：检测精度 >95%，检测速度 1～3 个样品/s。

②技术水平：国际领先。

（2）猪肉综合品质无损快速检测装置。

①技术指标：猪肉水分含量、挥发性盐基氮、颜色、pH 值的检测正确率 >90%，检测速度 1～3 个样品/s。

②技术水平：国际领先。

（3）牛肉综合品质无损快速检测装置。

①技术指标：牛肉嫩度、水分、颜色、蒸煮损失率的检测正确率 >90%，检测速度 1～3 个样品/s。

②技术水平：国际领先。

（4）便携式生鲜肉新鲜度无损检测装置。

①技术指标：检测精度 >92%；检测速度 1 个样品/4 s。

②技术水平：国际领先。

1.2.17.3 投资规模

（1）手持式牛肉大理石花纹检测装置。

①造价：10 万元/台。

②流动资产投资：5 万元/台。

（2）猪肉综合品质无损快速检测装置。

①造价：25 万元/台。

②流动资产投资：12 万元/台。

（3）牛肉综合品质无损快速检测装置。

①造价：25 万元/台。

②流动资产投资：12 万元/台。

（4）便携式生鲜肉新鲜度无损检测装置。

①造价：10 万元/台。

②流动资产投资：5 万元/台。

1.2.17.4 市场前景及经济效益

（1）直接经济效益。

①提升猪牛肉安全检测的装备技术水平，提高行业增值创收能力。预估分析我国每年需要此类系列检测设备 10 000 台以上。

②提高生产效率，节省人力，降低行业劳动力成本。

③确保猪牛肉安全品质，提高生产者经济效益。

（2）社会意义。

肉类食品的品质安全问题已越来越成为我国农产品市场一个极为重大的安全隐患问题，直接涉及人民生命健康和基本消费安全，关系着社会的安全、和谐与稳定，同时也关乎着我国的国际贸易竞争地位。

1.2.17.5 联系方式

联系单位：中国农业大学（东校区）工学院

通信地址：北京市海淀区清华东路17号

联系电话：010－62737703

电子信箱：ypeng@cau.edu.cn

1.2.18 畜禽骨素（汤）产品生产工艺工程技术

1.2.18.1 技术简介

该成果工程工艺特点是提取时间要比传统工艺设备有大幅度的缩短；能耗比传统工艺设备有30%的减低；最大限度地保持被提取物的营养和风味；生产线工艺适应性好，可在常压、加压和真空条件下提取；无需改造可直接用于其他动物、植物和海鲜调味品生产。生产线采用全封闭操作，过滤革除了传统敞开振荡筛结构，配套CIP清洗系统后，可达到食品行业卫生标准要求。

1.2.18.2 主要技术指标

该成果生产线工程的总体设计做到高产、优质、低耗，目标产品为骨素和调味高汤，主要目的为厨房、连锁餐饮企业生产标准、口味一致，适合配送的浓缩高汤产品。根据生产需要，日产1t 30%浓度的高汤产品，需要鲜骨2.5～3t。

1.2.18.3 投资规模

建立日处理20t鲜骨（日产骨素6～8t）的骨素生产线，需设备投资500万元，厂房面积4 000m^2。

1.2.18.4 市场前景及经济效益

餐饮业、调理食品和方便食品的快速发展，推进了厨房社会化，从而促进了对人们对骨素（汤）产品的需求。自2003年以来，调味品行业年增长率达20%左右，目前调味品行业总产量已超过1 000万t，2009年，调味

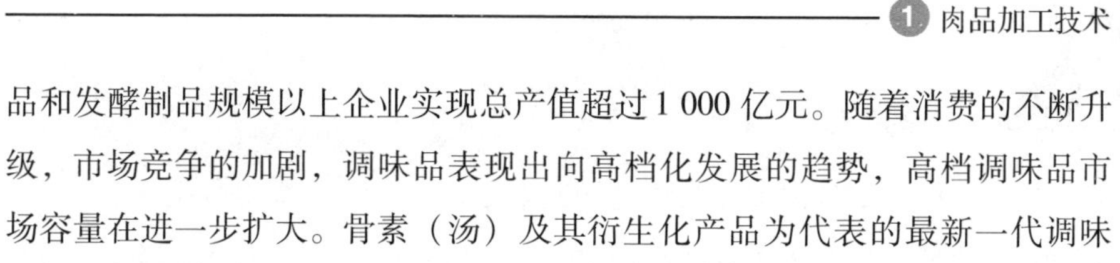

品和发酵制品规模以上企业实现总产值超过1 000亿元。随着消费的不断升级，市场竞争的加剧，调味品表现出向高档化发展的趋势，高档调味品市场容量在进一步扩大。骨素（汤）及其衍生化产品为代表的最新一代调味品，表现出极强的市场竞争优势。

1.2.18.5 联系方式

联系单位：中国农业科学院农产品加工研究所

通信地址：北京市海淀区圆明园西路2号

联系电话：010－62816473

电子信箱：xuyaoshun@126.com

1.2.19 利用畜禽骨制备调味品关键技术

1.2.19.1 技术简介

畜禽骨是肉类生产中的主要副产物，传统的利用方式不仅浪费了这一优质食品资源，还导致一定的环境污染。应用现代工艺技术对畜禽骨进行深度加工，在传统骨泥、骨油、骨粉等产品基础上，开发出适应市场发展需求的骨素、骨肽类高附加值产品，从而大大提高骨的营养及经济利用价值。

1.2.19.2 主要技术指标

该技术可年处理2 000t猪骨。

1.2.19.3 投资规模

投资规模在800万~1 000万元。需要破骨机、高压提取罐、离心分离机、浓缩罐、包装机等设备。

1.2.19.4 市场前景及经济效益

骨素已经进行了产业化生产示范，取得了一定经济效益。骨素、咸味肽等骨类调味品符合天然、绿色和可持续发展的食品工业的发展理念，具备一定的社会效益。

2.19.5　联系方式

联系单位：中国肉类食品综合研究中心

通信地址：北京市丰台区洋桥70号

联系电话：010－67264731

电子信箱：cmrcyt@126.com

1.2.20　利用畜骨开发功能性食品配料及应用

1.2.20.1　技术简介

本技术以畜禽骨副产物为底物，利用物理、化学、生物技术等，充分挖掘副产物的高效利用价值，形成一整套畜禽骨副产品精深加工技术体系，构建部分产品的联产生产工艺，实现规模化生产，替代或部分替代部分产品的低效高耗高污染的生产技术，减轻资源环境压力的同时，为畜禽副产品的高效利用开辟途径。

采用脱脂和热风干燥加工方法，经强力破骨、细粉碎、脱脂、干燥、超微粉碎得到脱脂超细鲜骨粉，粒度≥200目。采用新鲜、未被污染的畜禽骨经高温灭菌、脱脂、酶水解等工序，将骨脱腥脱臭，把不溶性的高分子蛋白变成二肽、三肽、寡肽等可溶的小分子，在不污染环境的情况下，将低附加值农产品制成附加值高的高蛋白质含量的调味品。

1.2.20.2　主要技术指标

年处理量为2 000t骨，经济技术指标：超微超细鲜骨粉粒度≥200目；高蛋白质含量的调味品蛋白质含量大于25%。

1.2.20.3　投资规模

厂房投资：根据生产规模及地理位置核算。

设备投资：按日处理10t骨计算，国产设备投资约500万元，国产设备＋部分进口设备：约人民币1 000万元。

需要厂房：包括冷库、骨的前处理车间、热处理车间、水解车间、喷

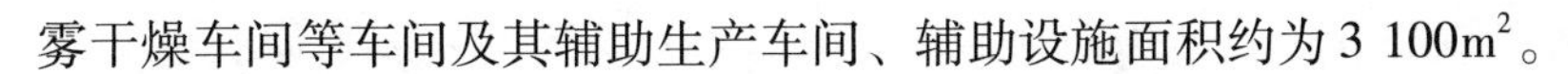

雾干燥车间等车间及其辅助生产车间、辅助设施面积约为 3 100m^2。

需要设备：强力破骨机、骨泥磨、超微粉碎机、高压蒸煮锅、水解罐、喷雾干燥塔等。

同时根据产能规模的要求配套建设工业废水处理、固体废弃物处理、配电、通信及给排水等设施。

1.2.20.4 市场前景及经济效益

已在山东得利斯集团建成两条高钙肉制品生产示范线，分别应用到低温肉制品和高温肉制品中，以骨钙为主要原料之一，生产的养颜强骨胶囊、清颜丽韵胶囊等补钙保健食品，产生了良好的经济效益。

1.2.20.5 联系方式

联系单位：中国肉类食品综合研究中心

通信地址：北京市丰台区洋桥 70 号

联系电话：010－67264749

电子信箱：cmrcyt@ 126. com

1.2.21 畜禽骨素工程化生产技术

1.2.21.1 技术简介

骨素（Bone Extracts）是以畜禽骨副产物为原料，借助食品分离抽提技术，获取畜禽骨中的骨胶原蛋白、骨油和矿物质等营养成分，在经过分离浓缩和相关衍生化加工而得到的一类营养调味品。中国农业科学院农产品加工研究所针对畜禽屠宰骨副产物精深加工关键技术与关键设备研制以及产业化示范等方面进行了近 5 年的研发，实现了工艺—装备—产品一体化突破，成功地开发出猪骨素（汤）、牛骨素（汤）、鸡骨素（汤）等以及骨素美拉德化（衍生化）系列新产品。

1.2.21.2 主要技术指标

该成果生产线工程的总体设计做到高产、优质、低耗，目标产品为骨素和调味高汤，主要目的为厨房、连锁餐饮企业生产标准、口味一致，适合配送的浓缩高汤产品。根据生产需要，日产1t 30%浓度的高汤产品，需要鲜骨2.5~3t。

1.2.21.3 投资规模

建立日处理20t鲜骨（日产骨素6~8t）的骨素生产线，需设备投资500万元，厂房面积4 000m²。厂方要求为通用食品车间标准，局部二层挑高，需配有蒸汽锅炉、高低温冷库。部分设备为压力容器。

1.2.21.4 市场前景及经济效益

该技术在河南省、辽宁省和内蒙古自治区等地已成功进行产业化转化，利润率高达50%以上。具备广阔的市场前景和良好的经济效益。

1.2.21.5 联系方式

联系单位：中国农业科学院农产品加工研究所

通信地址：北京市海淀区圆明园西路2号

联系电话：010-62816473

电子信箱：zhbgs5109@126.com

1.2.22 畜禽血液精深加工

1.2.22.1 技术简介

畜禽血液精深加工技术成熟，已完成中试生产，正在进行产业化示范推广；产品有蛋白源类、铁血红蛋白、多肽类、SOD类。

1.2.22.2 主要技术指标

经济技术指标：工艺成熟，产业化便捷，无市场风险。

产能：各产品投入产出分别为比1∶15、1∶5和1∶40。

1.2.22.3 投资规模

低投入100万元起步，高投入500万元起步；流动资金为投入的1倍。

需要厂房：仓库、加工车间、包装车间、冷库。

需要设备：离心过滤设备、超滤设备、喷雾干燥设备、包装设备。

1.2.22.4 市场前景及经济效益

畜禽血液精深加工技术的转化能力强，工艺技术简单，转化效益高。具备较好的经济效益和社会效益。

1.2.22.5 联系方式

联系单位：湖北省农业科学院农产品加工与核农技术研究所

通信地址：湖北省武汉市洪山区南湖大道5号

联系电话：029－87380955

电子信箱：mlchen82@ gmail. com

1.2.23 牛羊肉发酵香肠（Salami）现代化加工技术

1.2.23.1 技术简介

发酵香肠是指将绞碎的原料肉、动物肥膘、食盐、蔗糖、葡萄糖、香辛料和发酵剂等混合灌进肠衣，经特定的微生物作用，从而制成的具有稳定的微生物特性和典型的发酵风味的肉制品，所用的原料肉通常是牛肉和猪肉，有些地方也用羊肉。发酵香肠具有玫瑰红色、肉质紧实、酵香浓郁、营养丰富、常温货架期长，是世界范围内普遍受到欢迎的高档肉制品。本技术综合国外先进的肉制品发酵技术，筛选适宜我国消费者喜好的发酵剂，调整加工工艺，生产出适合我国国情的发酵香肠制品，该产品精确控湿控温，可进行常年化生产，产品质地均一，风味品质好，营养价值高。

1.2.23.2 主要技术指标

选料→绞肉/切丁→搅拌/接种→充填→发酵→成熟→（切片）包装→质检→成品→（冷藏）常温贮藏销售。采用标准化生产技术生产的发酵香肠，产品的出品率高，大大地提高了产品效益。

1.2.23.3 投资规模

日产300 kg的生产线所需投资约为500万元，流动资产300万元。厂

方要求为通用食品车间标准，需配有绞肉机、搅拌机、真空灌肠机、解冻间、控温控湿发酵间、控湿控温成熟间、切片机、真空包装机等配套设施。

1.2.23.4 市场前景及经济效益

该技术在在宁夏回族自治区、云南省和内蒙古自治区等地成功地进行了产业化转化，利润率高达50%以上。具备广阔的市场前景和经济效益。

1.2.23.5 联系方式

联系单位：中国农业科学院农产品加工研究所

通信地址：北京市海淀区圆明园西路2号

联系电话：010－62816473

电子信箱：zhbgs5109@126.com

1.2.24 风干牛羊肉产品开发

1.2.24.1 技术简介

风干牛羊肉是具有草原特色的传统产品，是古代北方少数民族赖以生存的主要粮食。其体积小、营养丰富、不易变质，不仅是古代行军的主要后勤保障，也是现代社会食品工业发展过程中形成的具有民族传统特色的旅游馈赠和携带的佳品。

本产品利用现代的食品生产加工技术，结合传统的制作方法，降低牛羊肉解冻汁液流失率，提高牛羊肉品质，并配合肉干嫩化技术，研制开发出适用于大批量生产，又具有传统风味的风干牛羊肉产品，增加经济效益的同时，又促进了传统食品的发展。

1.2.24.2 主要技术指标

加工工艺如下：

原料肉缓化→切制→腌制→晾晒→蒸煮→油炸→包装→灭菌。

2.24.3 投资规模

日生产2t的牛/羊肉干生产线所需投资约为200万元，流动资产投资

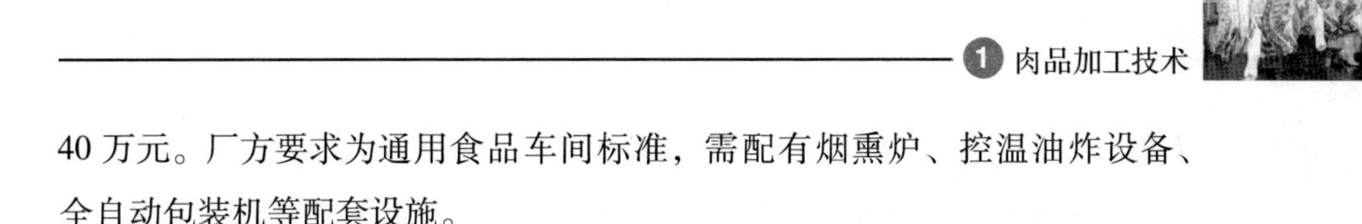

40 万元。厂方要求为通用食品车间标准，需配有烟熏炉、控温油炸设备、全自动包装机等配套设施。

1.2.24.4　市场前景及经济效益

该产品和配套技术已经在内蒙古自治区多家企业成功推广，利润率可达25%，产生了良好的市场前景和经济效益。

1.2.24.5　联系方式

联系单位：中国农业科学院农产品加工研究所
通信地址：北京市海淀区圆明园西路2号
联系电话：010－62816473
电子信箱：zhbgs5109@126.com

1.2.25　冷鲜羊肉加工技术

1.2.25.1　技术简介

冷鲜羊肉是指严格执行兽医卫生检疫制度屠宰后的胴体迅速进行冷却处理，使其中心温度在24h内降到0～4℃，并在后续加工、流通和销售过程中始终保持0～4℃的生鲜羊肉。因冷鲜羊肉始终处于0～4℃的低温控制下，并经历了充分的解僵成熟过程，它的卫生、营养、安全指标完全优于热鲜肉和冷冻肉。该技术攻克了冷鲜羊肉初始菌数控制、汁液流失和色泽稳定控制、货架期延长技术，降低了冷鲜羊肉预冷损耗，改善了宰后羊肉肉质和色泽。

1.2.25.2　主要技术指标

冷鲜羊肉的初始菌数降低到10^3cfu/g以下，汁液流失率降低到1.0%以下，0～4℃条件下货架期和颜色稳定期达到20d以上；构建了冷鲜羊肉加工HACCP全程质量控制体系。

1.2.25.3　投资规模

年产2 000t的生产线所需投资约为3 000万元，流动资产投资1 500

万元。

需要具有屠宰车间和分割车间，分割车间具有包装输送机、充气包装机、切片机、封口机等配套设备，具有输送装置、分割输送台、冷藏车等配套设施。

1.2.25.4 市场前景及经济效益

该技术已经在宁夏回族自治区、内蒙古自治区、新疆维吾尔自治区等企业推广应用，是一项成熟的技术，经济效益和社会效益显著。

1.2.25.5 联系方式

联系单位：中国农业科学院农产品加工研究所

通信地址：北京市海淀区圆明园西路2号

联系电话：010－62816473

电子信箱：zhbgs5109@126.com

1.2.26 羊骨素高效抽提制备技术

1.2.26.1 技术简介

本技术以水作为介质，通过高温高压工艺，将羊骨中的可溶性的营养物质（主要是蛋白质和氨基酸等）提取出来，然后经过静置分离、真空浓缩等工艺而制成的天然调味料——羊骨素。其主要特点是提取工艺属于物理方法，主要营养物质蛋白质的提取率高，且耗能低，提取过程不添加任何化学添加物质。能够最大限度地保持原有新鲜羊骨肉的天然味道和香气，可以赋予人们追求自然柔和的美味，具有良好的风味增强效果。

1.2.26.2 主要技术指标

鲜羊骨→破碎→称重→高温高压→离心→静置→分离→浓缩→均质→成品羊骨素。

羊骨价格：10元/kg，骨素市场终端价格：45元/kg以上，1t羊骨可产骨素300kg。不计设备燃料费用，1t骨制成骨素最高可增值35%。

1.2.26.3 投资规模

建立日处理20t鲜骨（日产骨素6～8t）的骨素生产线，需设备投资500万元，流动资产300万元。厂方要求为通用食品车间标准，需配有高压蒸煮锅、碎骨机、高低温冷库等配套设施。

1.2.26.4 市场前景及经济效益

该技术在河南省、内蒙古自治区等地已成功进行产业化转化，利润率高达50%以上。具备广阔的市场前景和良好的经济效益。

1.2.26.5 联系方式

联系单位：中国农业科学院农产品加工研究所

通信地址：北京市海淀区圆明园西路2号

联系电话：010－62816473

电子信箱：zhbgs5109@126.com

1.2.27 羊胴体人工产量分级技术

1.2.27.1 技术简介

该技术针对我国羊肉产品良莠不齐、优质不优价的现象，解决了羊胴体产量分级的难题，使羊肉生产者、经营者和消费者对羊肉的质量达成共识，促进市场运行。本技术参考国内外羊肉分级标准，结合我国羊肉生产加工实际，通过实验数据的采集和分析，建立了羊胴体人工产量分级方程，并根据羊胴体产肉率，将我国羊胴体产量级划分为5个级别。

1.2.27.2 主要技术指标

根据羊胴体产肉率，将我国羊胴体产量级划分为5个级别，即一级，胴体产肉率≥78%；二级，72%≤胴体产肉率<78%；三级，66%≤胴体产肉率<72%；四级，60%≤胴体产肉率<66%；五级，胴体产肉率<60%。

1.2.27.3 投资规模

可以与冷鲜羊肉加工技术配套，不另需费用。需要具有羊肉分割车间，车间具有羊胴体吊挂轨道、输送装置、分割输送台、冷藏车等配套设施。

1.2.27.4 市场前景及经济效益

该技术已经在宁夏回族自治区某羊肉加工企业推广。1.2万只羊胴体分级之前按照统一价格出售，价格为36元/kg。经过分级处理后，将羊胴体分为5个级别，各个级别的价格分别为：48元/kg、44元/kg、38元/kg、34元/kg、30元/kg。经统计，不经过分级，1.2万只羊胴体的销售额为864万元；分级之后，1.2万只羊胴体的销售额为964.8万元，增长了11.67%，经济效益十分显著。

1.2.27.5 联系方式

联系单位：中国农业科学院农产品加工研究所

通信地址：北京市海淀区圆明园西路2号

联系电话：010-62816473

电子信箱：zhbgs5109@126.com

1.2.28 羊骨源硫酸软骨素制备技术

1.2.28.1 技术简介

硫酸软骨素是从哺乳动物的喉骨、鼻骨和气管等软骨组织中提取的酸性粘多糖。具有抗凝血、抗血栓、调节血脂、抗炎及保护骨关节、调节细胞粘附作用、阻碍血管生成、抗氧化抗纤维化、调节神经生长等药理作用，还可用于预防动脉粥状硬化、提高机体免疫力、治疗风湿病和肾炎及由链霉素引起的听觉障碍和肝炎的辅助治疗等。

该技术以羊软骨为原料，利用稀碱和酶法相结合的方法提取制备硫酸软骨素，通过二次正交旋转组合设计优化碱法和酶法提取工艺参数，采用超滤法分离纯化硫酸软骨素，相对于其他方法提高了硫酸软骨素产品得率

和含量，充分利用副产物羊骨资源，提高羊产业的附加值。

1.2.28.2 主要技术指标

产品标准：得率14.36%，纯度90%以上。

加工工艺：羊软骨→预处理→碱提取→过滤→酶解→过滤→抽滤→超滤浓缩→干燥→硫酸软骨素。

1.2.28.3 投资规模

建立日处理10t鲜骨的硫酸软骨素生产线，需设备投资1 000万元，流动资产400万元。厂方要求为通用食品车间标准，需配有高压蒸煮锅、万能粉碎机、超滤、冷冻干燥机等配套设施。

1.2.28.4 市场前景及经济效益

该技术已经在宁夏某公司进行推广，1kg骨粉按5元计算，1 000t骨粉为500万元，如果用来生产硫酸软骨素，1kg鲜骨可提取出143.6g硫酸软骨素，1kg硫酸软骨素按500元计算，1 000t鲜骨可以生产出143.6t硫酸软骨素，价值7 180万元，大幅度提高了副产物骨的附加值。

1.2.28.5 联系方式

联系单位：中国农业科学院农产品加工研究所

通信地址：北京市海淀区圆明园西路2号

联系电话：010－62816473

电子信箱：zhbgs5109@126.com

1.2.29 羊杂HMR加工技术

1.2.29.1 技术简介

羊杂指羊的内脏，主要包括羊肚（羊胃）、羊肝、羊肺和羊肠等。羊杂碎加入羊肉、羊骨汤煮制，产品不仅新鲜味美，而且富含多种有机活性物质、维生素和微量元素，是不可多得的滋补美食。

本技术以方便快捷为前提，以工业化生产为目标，在最大限度上保留

传统羊杂风味的基础上，对羊杂工业化生产的工艺技术参数进行优化。采用高压萃取、真空浓缩、配方调理、功能化增稠等关键技术制成浓缩养生汤，以羊杂及不同蔬菜为原料，采用真空冷冻干燥技术和其他干燥技术完成各个组成的脱水过程，生产出食用方便、便于保藏和运输的汤类即食产品。

1.2.29.2 主要技术指标

即冲即食。

加工工艺：

羊骨、羊肉和鱼→清洗→加水、加香辛料煮制→羊肉汤。

↓

羊杂、蔬菜→清洗、预煮→捞出、切条（块）→加羊肉汤、加水煮制→脱水→包装→灭菌→成品→检验。

1.2.29.3 投资规模

建立日生产1t的羊杂HMR生产线，需与羊骨素生产设备配套，在羊骨素生产线的基础上投资300万元，流动资产100万元。厂方要求为通用食品车间标准，局部二层挑高，需配有烟熏炉、包装机等配套设施。

1.2.29.4 市场前景及经济效益

该技术在四川省、内蒙古自治区等地成功进行产业化转化，利润率高达50%以上。具备良好的经济效益和社会效益。

1.2.29.5 联系方式

联系单位：中国农业科学院农产品加工研究所

通信地址：北京市海淀区圆明园西路2号

联系电话：010－62816473

电子信箱：zhbgs5109@126.com

1.2.30 家禽屠宰加工生产线

1.2.30.1 技术简介

该加工生产线采用复式搅拌浸烫和三维精确调节脱羽技术，解决了长

期困扰家禽（特别是水禽）羽毛浸烫不充分、脱羽率低、禽体破损率高的技术瓶颈，大幅提高了家禽羽毛脱净率、降低了禽体破损率，提高了家禽产品质量；与家禽接触部分全部采用不锈钢材料，提高了产品卫生安全性；通过生产线优化设计达到节能降耗的目的。家禽屠宰加工生产线具有自动化程度高、产品安全卫生、能耗低等技术优势。

1.2.30.2 主要技术指标

目前已形成了加工能力为2 000～6 000只家禽/h的系列产品，羽毛适脱率大于95%，羽毛脱净率大于98%，禽体破损率小于2%。

1.2.30.3 投资规模

以5 000只/h肉鸭屠宰加工生产线计，生产线设备总投资约为400万元左右。项目总投资约8 000万元，流动资金3 000万元。

生产主体包含屠宰加工主车间、辅助车间及冷库，配套设施包括的锅炉房、制冷机房、变配电、污水处理、食堂、宿舍等。厂区占地面积约60 000 m^2，厂区建筑物，构筑物占地面积25 000 m^2，总建筑面积约30 000 m^2。

1.2.30.4 市场前景及经济效益

家禽屠宰加工生产线目前已在数十家生产企业应用，该技术提高了屠宰加工过程的食品安全卫生性，降低了企业生产成本。以5 000只/h肉鸭加工生产线，年可创产值3.5亿元，新增利润约1 200万元，新增税收约200万元，带动当地1 000多农户从事肉鸭饲养。

1.2.30.5 联系方式

联系单位：中国包装和食品机械总公司

通信地址：北京市朝阳区德胜门外北沙滩1号

联系电话：010－64883376转分机808

电子信箱：cpfmcgcl@163.com

1.2.31　减少肉禽夏季运输热应激技术

1.2.31.1　技术简介

该技术装置有效保证了宰后禽肉的加工品质、改善水分流失和肉质变软的状况，同时为企业降低了生产成本，且所需设备简单，操作简便，可操作性强，适合广泛推广应用。

1.2.31.2　主要技术指标

对照1组、对照2组和本实用新型组的滴水损失分别为3.75%、2.37%和2.0%，蒸煮损失分别为13.59%、12.11%和10.23%。可见运用本实用新型可以比对照1组、对照2组分别降低滴水损失1.75%和0.37%，分别降低蒸煮损失3.36和1.88%，从而减少了企业的经济损失。

1.2.31.3　投资规模

减少肉禽夏季运输热应激技术的投资规模在8万~10万。该技术提供减少肉禽夏季运输热应激装置。

1.2.31.4　市场前景及经济效益

该技术可以有效保证宰后禽肉的加工品质、改善水分流失和肉质变软的状况，其有益效果明显优于传统3种做法；同时为企业降低生产成本，且所需设备简单，操作简便，可操作性强，适合广泛推广应用。

1.2.31.5　联系方式

联系单位：南京农业大学

通信地址：江苏省南京市卫岗1号

联系电话：025-84395689

电子信箱：xlxu@ njau. edu. cn

1.2.32　禽肉冻融次数快速鉴别技术

1.2.32.1　技术简介

能够有效区分未经过冻融的新鲜禽肉（0次冻融）以及经过3次以内

冻融的禽肉状态，且操作简便、测量快速、测量结果可靠、测量步骤简单、可操作性强、检测设备简单便宜，便于推广应用。

1.2.32.2 主要技术指标

初级检测方法：用于禽肉冻融次数的快速鉴别的检测方法；检测条件：电压范围 1 ~3 V，选取特征频点为 50 kHz 和 200 kHz，利用通用阻抗分析仪分别对冻融 0 次禽肉、冻融 1 次禽肉及冻融 2 ~3 次禽肉进行特征频点相位角的检测，计算，分析，确定禽肉冻融次数。

1.2.32.3 投资规模

禽肉冻融次数快速鉴别技术的投资规模在 6 万 ~8 万元。需要监测设备、抗阻分析仪等设备。

1.2.32.4 市场前景及经济效益

该技术是一种禽肉冻融次数快速鉴别方法，能够有效区分禽肉冻融次数，且操作简便、测量快速、测量结果可靠、测量步骤简单、可操作性强、检测设备简单便宜，便于推广应用。

1.2.32.5 联系方式

联系单位：南京农业大学

通信地址：江苏省南京市卫岗 1 号

联系电话：025 - 84395689

电子信箱：xlxu@ njau. edu. cn

1.2.33 鸡骨蛋白源 ACE 抑制肽制备技术

1.2.33.1 技术简介

在高血压发病率日益增高的今天，人们越来越关注降血压药物和功能食品的研究和开发。ACE 抑制剂是现今治疗高血压和心力衰竭的主要有效药物，人工合成药物的副作用促使食源性 ACE 抑制剂的快速发展。而我国对包括鸡骨在内的动物骨的加工利用还比较落后，其利用程度也较低，每年都有大量的动物骨被白白浪费或加工成附加值很低的产品。该技术建立了高 ACE 抑制活性、高得率、高水解度鸡骨肽的生产工艺。

1.2.33.2 主要技术指标

产品标准：得率65.79%，ACE 抑制率为71.42%。

加工工艺：冷冻鸡骨渣→解冻→脱脂→干燥→粉碎→鸡骨蛋白粉→酶解→超滤→冻干。

1.2.33.3 投资规模

建立日处理10t 鲜骨的鸡骨 ACE 抑制肽生产线，需设备投资800 万元，流动资产300 万元。厂方要求为通用食品车间标准，需配有万能粉碎机、超滤、冷冻干燥机等配套设施。

1.2.33.4 市场前景及经济效益

该技术已经在宁夏某公司进行推广，1kg 骨粉按5 元计算，2 000t 骨粉为1 000 万元，如果用来生产具有 ACE 抑制活性的鸡骨肽，用于医疗和保健，2 000t 鸡骨约产生价值2 亿元，大幅度的提高了副产物骨的附加值。

1.2.33.5 联系方式

联系单位：中国农业科学院农产品加工研究所

通信地址：北京市海淀区圆明园西路2 号

联系电话：010－62816473

电子信箱：zhbgs5109@126.com

1.2.34 肉鸡屠宰中类 PSE 肉控制及电击晕技术

1.2.34.1 技术简介

针对肉鸡屠宰加工中造成企业经济损失的类 PSE 鸡肉、宰前不当电击晕这两个影响企业经济效益的问题给予解决。

1.2.34.2 主要技术指标

有效降低类 PSE 鸡肉发生率，明显减少由于电击晕不当引起的断翅断

骨及放血不充分等情况。

1.2.34.3 投资规模

该技术主要适用于中型及以上肉鸡屠宰加工企业。需要完整的肉鸡屠宰生产线。

1.2.34.4 联系方式

联系单位：南京农业大学

通信地址：江苏省南京市卫岗1号

联系电话：025－84395689

电子信箱：xlxu@ njau. edu. cn

1.2.35 苏鸡加工新技术

1.2.35.1 技术简介

随着社会的进步和科技的进步，食品安全成为国家关心的问题。有调查表明，70%～90%的癌症是由环境因素造成的，而作为主要环境因素的饮食，则成为人们日益关注的焦点。油炸、烟熏、烧烤、老卤煮制产生的有害物质对健康构成严重危害。

传统禽肉制品——烧鸡深受人们喜爱，其加工技术几百年来未曾得到根本改进。国内外研究证实，反复油炸产生大量反式脂肪酸，老卤煮制和烧烤产生大量杂环胺类化合物，烟熏和烧烤时产生大量苯并(a)芘。“苏鸡加工新技术”利用天然香辛料腌制，低温上色增香。为传统鸡肉制品开辟新天地。

1.2.35.2 主要技术指标

“苏鸡加工新技术”最高加工温度不超过130℃；采用“非油炸、非卤煮、非烧烤、非烟熏”的新型加工工艺，在保证肉制品色、香、味的同时，有效的降低肉制品中有害物苯并芘和杂环胺的含量。经国家权威机构检测，苏鸡制品中苯并(a)芘的含量远低于国家标准，小于德国标准1μg/kg，杂环胺含量比传统烧鸡减少85%。

1.2.35.3 市场前景及经济效益

目前，该技术已通过了教育部鉴定，专利已获国家授权（ZL200910181203.4），受到多家媒体报道。该技术完全成熟并已成功转化。高新技术让传统鸡肉制品安全又美味，也为相关企业开拓广阔前景。

1.2.35.4 联系方式

联系单位：南京农业大学

通信地址：江苏省南京市卫岗1号

联系电话：025－84395618

电子信箱：qianjin@ njau. edu. cn

1.2.36 鸭骨架制作高钙肉酱制品

1.2.36.1 技术简介

该项目以鸭骨架为主要原料，采用超微粉碎技术，配合黄豆、花生、辣椒等辅料，制作高钙肉酱制品，鸭骨制酱，富含硫酸软骨素以及钙、铁等微量元素。肉酱香味浓郁、颜色鲜红有光泽，流动性佳，质地均匀，肉质细腻。

1.2.36.2 主要技术指标

年加工能力1 000t的鸭骨肉酱。研究结果表明：化学组成为水分为25.8%、灰分为5.43%、脂肪23.4%、蛋白质12.3%，富含钙609mg/kg、铁204mg/kg等微量元素，保质期12个月。

1.2.36.3 投资规模

单位成本：4.8元/瓶（320g）；铺底流动资金161.8万元。需要的厂房500m^2；所需设备：粉碎机、夹层锅、真空罐装旋盖一体线、封膜机、切封机、包装机、电器控制柜。

1.2.36.4 市场前景及经济效益

年加工能力1 000t肉酱，项目总投资300万元，产品年销售收入840

万元，税金 142.8 万元，年利润 357.2 万元，投资利润率 119%。

1.2.36.5 联系方式

联系单位：湖北省农业科学院农产品加工与核农技术研究所

通信地址：湖北省武汉市洪山区南湖大道 5 号

联系电话：027-87284997

电子信箱：2005lily@gmail.com

1.2.37 一种鹅肉制品的制备方法

1.2.37.1 技术简介

研究出了合肥地方特产吴山贡鹅生产中的卤料配方、卤汤制备、鹅肉卤制工艺、包装及杀菌工艺等共性关键技术。

1.2.37.2 主要技术指标

研发出吴山贡鹅包装产品，可以精确定量地制出吴山贡鹅风味的鹅肉制品，且可以在 4℃左右条件下存放 6 个月不变质，依旧保持其原有的风味。

1.2.37.3 投资规模

投资规模在 100 万元左右，需要的设备主要包括吴山贡鹅的加工、包装和杀菌设备，以及冷库等设备便于储藏和运输。

1.2.37.4 市场前景及经济效益

吴山贡鹅能达到 50kg/d 的生产量。产量具备一定的优势，独特的风味广受大众欢迎，具备广阔的市场前景和良好的经济效益。

1.2.37.5 联系方式

联系单位：安徽省农业科学院农产品加工研究所

通信地址：安徽省合肥市农科南路 40 号

联系电话：0551-62160578

电子信箱：36992902@qq.com

2 蛋品加工技术

2.1 概述

2.1.1 主要原料及其生产情况

中国是世界上最大的蛋品生产国和消费国。改革开放以来，中国连续20多年保持世界第一产蛋大国的地位，蛋品产量超过世界蛋品产量的40%，比第二位到第三十位的产量总和还要多。1980年，我国禽蛋产量256.6万t；1985年，我国禽蛋总产量534.7万t，超过美国，成为世界第一禽蛋大国；1990年禽蛋产量794.6万t，2000年禽蛋产量2 182.0万t，2010年禽蛋产量2 762.7万t。2010—2015年，我国的禽蛋产量处于稳步上升的状态。2015年全国禽蛋产量2 999万t，增长3.6%。其中，鸡蛋是禽蛋的最主要品种，鸡蛋总产量约占禽蛋总产量的80%左右，鸭蛋占禽蛋总产量的15%左右，鹌鹑蛋占禽蛋总产量的2%左右，其他禽蛋占禽蛋总产量的3%左右，主要是鹅蛋、鸵鸟蛋等。

中国的蛋品产业是关乎老百姓菜篮子质量的民生工程，如何推动养鸡业从传统、简单的生产方式，向现代化、规模化、集约化、产业化的蛋品产业过渡，促进蛋品产业经济结构调整和发展方式转变，提高产业运行质量和效益，是事关社会安定和国民经济平稳运行的大事情。

2.1.2 蛋品加工行业现状

蛋品加工是指以包括鸡蛋、鸭蛋、鹅蛋或其他禽蛋为原料加工而制成蛋制品的生产活动。蛋品加工产品主要分为4类：再制蛋类、干蛋类、冰蛋类和其他类。再制蛋类是指以鲜鸭蛋或其他禽蛋为原料，经由纯碱、生

石灰、盐或含盐的纯净黄泥、红泥、草木灰等腌制或用食盐、酒糟及其他配料糟腌等工艺制成的蛋制品，如皮蛋、咸蛋、糟蛋；干蛋类是指以鲜鸡蛋或者其他禽蛋为原料，取其全蛋、蛋白或蛋黄部分，经加工处理（可发酵）、喷粉干燥工艺制成的蛋制品，如巴氏杀菌鸡全蛋粉、鸡蛋黄粉、鸡蛋白片；冰蛋类是指以鲜鸡蛋或其他禽蛋为原料，取其全蛋、蛋白或蛋黄部分，经加工处理，冷冻工艺制成的蛋制品，如巴氏杀菌冻鸡全蛋、冻鸡蛋黄、冰鸡蛋白；其他类是指以禽蛋或上述蛋制品为主要原料，经一定加工工艺制成的其他蛋制品，如蛋黄酱、色拉酱。

2014 年，全国规模以上蛋品加工企业为 174 家，比 2013 年增加 9 家。完成主营业务收入 271.5 亿元，同比增长 21.3%。累计实现利润总额 17 亿元，同比增长 16%。分区域看，东部地区拥有企业 81 家，占规模以上蛋制品加工业企业的46.6%，完成主营业务收入 127.6 亿元，同比增长 28.5%，累计实现利润总额8.7 亿元，同比增长 29.1%；中部地区拥有企业 65 家，占 37.4%，完成主营业务收入 103.3 亿元，同比增长 20.2%，累计实现利润总额6 亿元，同比增长9.7%；西部地区拥有企业 14 家，占 8%，完成主营业务收入 13.7 亿元，同比增长 15.5%，累计实现利润总额 1.4 亿元，同比增长 30.8%；东北地区拥有企业 14 家，占 8.0%，完成主营业务收入 26.9 亿元，同比增长 12.4%，累计实现利润总额 0.8 亿元，同比下降 29.9%。

我国现代蛋品加工业起步较晚，长期以来，鸡蛋消费主要以鲜蛋为主，绝大部分鸡蛋主要供应内需市场。尽管近几年蛋品加工行业整体保持平稳，但目前国内蛋制品加工企业的生产规模普遍较小，产品知名度较低。纵观国内外蛋品市场，国内蛋品加工企业在生产工艺和技术含量及产品市场竞争力方面均有待提高。

2.1.3 蛋品加工技术发展趋势

2.1.3.1 分级消毒蛋生产技术

禽蛋生产的特点是生产的产品可以直接成为商品投放市场。长期以来，

我们所销售的鲜蛋，都是没有经过任何处理的鲜蛋，以几千年不变的形式，应付万变的市场。这不仅不能保证鲜蛋的安全和质量，而且禽蛋黏附粪便、血污和杂草等，容易造成禽类疾病的传播，形成禽类传染疾病的流行，严重影响养禽业的发展，也严重影响我国禽蛋的出口。我国目前的禽蛋市场供过于求，大量的禽蛋不能出口，未进行清洗、消毒、分级、包装等加工是重要的制约因素。因此，我国鲜蛋的重点发展方向应为消毒包装洁蛋，从而带来我国鲜蛋销售方式与质量的革命。围绕该产品的推广应用，要多方面进行分级消毒清洁蛋生产关键技术与设备的研究。

2.1.3.2 液态蛋生产技术

液体鲜蛋是禽蛋打蛋去壳后，将蛋液经一定处理后包装，代替鲜蛋消费的产品。我国在这方面的产品尚属空白。目前在美国、欧州等发达的国家已经相当普及。不仅有全蛋液、蛋白液、蛋黄液，而且有经过不同配料调制的产品，专门用于烹调菜肴和焙烤使用。这些产品，不仅有效地解决鲜蛋易碎、难运输、难贮藏的问题，而且广泛地应用于家庭、餐馆、宾馆和单位食堂。为了适应不同的消费需要，产品包装有200g、500g、1 000g和5kg以及20kg等规格。我国需尽快研究或引进国外先进技术与设备，大力开发研究液体鲜蛋，尽快实行商业化生产。

2.1.3.3 高特性专用蛋粉现代生产技术

蛋粉即以蛋液为原料，经干燥加工除去水分而制得的粉末，利用在高温短时间内或低温冷冻干燥的条件下，使蛋液中的大部分水分脱去，制成含水量为4%～5%的粉状制品。目前常用的脱水方法有离心式喷雾干燥法和喷射式喷雾或低温冷冻干燥法等多种。

我国蛋粉生产的历史比较悠久，但主要采用传统的喷雾干燥，加工技术简单。品种只有常规的全蛋粉、蛋白粉和蛋黄粉，性质普通。这些普通的产品不分应用行业的需要，应用到许多行业，没有考虑不同行业的不同需要。为了提高各种蛋粉应用的效果，根据国外发达国家的经验，一定要发展专用蛋粉，我国应该尽快采用现代化新技术、新工艺、新设备，研究

出满足各个行业需求的专用蛋粉，例如焙烤行业专用蛋粉、冰淇凌专用蛋粉、烹调专用蛋粉、发酵蛋粉、糕点用蛋粉、制革专用蛋粉、造纸专用蛋粉等，进行专用蛋粉的开发和应用研究。

2.1.3.4 中式传统蛋制品现代化生产技术

在蛋品方面，中国具有独一无二的再制蛋品，例如松花皮蛋、咸蛋和糟蛋等。长期以来我国一直采用传统的生产方式和工艺，设备简陋，生产工艺无法控制，产品质量不稳定，其生产加工和消费均在逐步降低。为了使我国这一传统蛋制品重放光彩，提高产品质量，必须采用现代化的生产工艺、技术和设备，逐步实现机械化、自动化控制过程，减轻劳动强度，由上千年不变的生产方式，改变为现代化的生产，提升传统蛋制品的生产水平。

总之，加快技术攻关，加快新产品开发，改进和完善生产工艺，提高产品技术含量，增加产品附加值，延长蛋品产业链，是未来蛋品加工技术发展的主要方向。一是立足制作高品质蛋品，稳步提升产品质量，逐步与国际化的蛋品制作要求接轨；二是引入冷链物流运输，提高国际竞争力；三是建立高科技人才服务站，加大新品研发力度，如蛋干、蛋脯、蛋肠等新品种的开发，增加烘烤、熏烤等多元化的风味，对蛋壳进行综合加工利用等，融入现有的生产结构中，实现原材料的综合加工，提高利用率；四是加大高品质、高技术领域的蛋品开发研究，如采用浓缩蛋液加工、有机溶剂法提取蛋黄卵磷脂、蛋清中制备溶菌酶等，开发新产品和完善生产工艺及流程。

2.2 蛋品加工实用技术

2.2.1 无铅皮蛋加工新技术

2.2.1.1 技术简介

皮蛋是我国传统的蛋制品，加工历史悠久，具有色泽美观、光泽透亮、

营养丰富和风味独特的优点。该技术在原料选择时精选质量合格、重量大小一致的鲜蛋，以保证相同的成熟期。碱浓度4%左右，充分溶解后加入食盐、硫酸锌、蛋白凝固剂。浸泡成熟的皮蛋用石蜡密封。该技术生产的皮蛋表面无黑点、无铅，腌制液可循环利用。

2.2.1.2 主要技术指标

加工工艺流程：原料蛋选择→原料预处理→皮蛋配方调制→腌制过程观测→皮蛋成熟出缸→包装贮藏。

生产出的皮蛋感官指标、理化指标、微生物指标符合蛋制品卫生标准（GB2749—2003）要求。

2.2.1.3 市场前景及经济效益

皮蛋新型配方以及腌制过程的调控，基于生产无铅皮蛋以及减少“碱伤”蛋的产生，这既是生产绿色皮蛋又是减少经济损失的方法。腌制料液多次反复利用，降低加工辅料使用总量，降低成本，控制污染，推进传统蛋品向绿色产业方向发展；减轻蛋制品加工业发展给环境带来的压力，提高环境、生活质量。

2.2.1.4 联系方式

联系单位：江西省农业科学院农产品加工研究所

通信地址：江西省南昌市青云谱区南莲路602号

联系电话：0791-87090105

电子信箱：fjx630320@163.com

2.2.2 皮蛋深加工产品——皮蛋粥粒

2.2.2.1 技术简介

该产品将皮蛋蛋清与蛋黄分离，分别采用不同方式干燥，制成皮蛋清粥粒与皮蛋黄粥粒；热风干燥皮蛋蛋清粥粒的感官品质最佳，复水后的皮蛋蛋白粥粒外观呈红褐色，具有一定的弹性且皮蛋风味保存较好；先预冻

后冷冻干燥的皮蛋蛋黄粥粒复水后，皮蛋蛋黄颗粒分散不粘连，色泽呈墨绿色，与新鲜样品差别不明显，尤其是风味保存较好；在皮蛋实际生产中有15% ~20%的残次皮蛋，这些皮蛋感官品质与新鲜皮蛋无差异，由于外壳破裂等因素不能在市场销售。将残次皮蛋加工成皮蛋粥粒，不仅能延长皮蛋保质期，能减少皮蛋运输成本，使用方便，而且在一定程度上提高了皮蛋的利用价值，促进了我国皮蛋产业进一步发展，具有极其重要的科学意义及市场前景。

2.2.2.2 主要技术指标

所研制的皮蛋蛋清粥粒体积收缩系数为21.64%；L值较新鲜样品有所降低；硬度、咀嚼性和黏性分别为913g、966.7g和1041g·s，显著高于新鲜样品（323g、155g和201g·s）。并对其加工工艺条件进行了优化，确定了麦芽糊精、蔗糖和食盐等辅料的加工工艺。

所研制皮蛋蛋黄粥粒内部结构呈现疏松状，复水时能迅速吸水，复水性能最佳，营养成分损失少。产品TBA值为0.030 mg/kg，与新鲜样品（0.028mg/kg）基本一致。

2.2.2.3 投资规模

年产500 t产品约需消耗皮蛋1 365 t、麦芽糊精73.5 t、食盐42 t和蔗糖94.5 t。

主要包括厂房，设备及生产工具、器具投资。其中设备有剥壳机生产能力为9 480枚/h，切丁机生产能力为0.57 t/h，热风干燥设备生产能力为0.17 t/h，真空冷冻干燥设备生产能力为0.20 t/h，包装机生产能力为835袋/h。该套工艺流程操作简便，对设备要求不苛刻，适用于企业大规模生产。

2.2.2.4 市场前景及经济效益

对本项目进行技术经济分析结果为：本项目投资总额为354.744万元，年利润达675.355 3万元，经营安全率达93.8%，投资回收期为0.51年。该项目具有投资少，利润较高，投资回收期短、经营安全率较高等特点。

2.2.2.5　联系方式

联系单位：华中农业大学食品科学技术学院

通信地址：湖北省武汉市洪山区狮子山街1号

联系电话：027-87283177

电子信箱：jinyongguo@mail.hzau.edu.cn

2.2.3　无斑点健康皮蛋加工技术

2.2.3.1　技术简介

本研发中心对传统皮蛋中金属离子对碱液的调控作用做了深入系统的研究，开发出皮蛋表面斑点控制技术，新产品。

（1）无铅等非许可添加剂，产品品质检测符合皮蛋国家标准。

（2）皮蛋表面无明显斑点。

2.2.3.2　主要技术指标

每生产10万枚皮蛋，其生产总成本约为10万元（含仪器折旧、管理、人工、销售等费用），年产量800万枚，销售收入1 200万元，利润400万元。

2.2.3.3　投资规模

该项目固定资产投资为650万元，流动资金投资200万元。

厂房：1 000m^2。

设备和配套设施：鸭蛋清洗生产线、搅拌机、腌制罐、包装机。

2.2.3.4　市场前景及经济效益

新技术将增加皮蛋产品的技术附加值，提高产品利润率，极大的推动海外市场的拓展，提高蛋品企业的产品出口创汇能力。出口产品还可以获得国家补贴，经济效益可观。

2.2.3.5　联系方式

联系单位：华中农业大学食品科学技术学院

通信地址：湖北省武汉市洪山区狮子山街1号

联系电话：027－87283177

电子信箱：huangxi@ mail. hzau. edu. cn

2.2.4 脉动压快速腌制低钠咸蛋技术

2.2.4.1 技术简介

本产品为脉动压快速腌制低钠咸蛋；所开发的低钠脉动压快速腌制咸蛋与传统腌制咸蛋相比较，腌制时间缩短、蛋白盐分降低，理化指标、基本营养指标、质地结构、脂肪酸组成、微观结构品质与口感上没有发生大的差异。脉动压快速腌制低钠咸蛋工艺已成熟，缩短了生产周期，降低了蛋白含盐量，可行性较高。

2.2.4.2 主要技术指标

腌制4～6 d即可得到成品，时间缩短了71.43 %，效率大为提高；低钠脉动压腌制6 d蛋清NaCl含量为3.73 %，接近最适口感（3.5 %），远低于传统腌制（5.44 %）；所研制产品与鲜鸭蛋相比，蛋清、蛋黄含水量分别降低1.53 %、7.82 %，灰分分别上升了3.93 %、1.31 %；蛋黄粗脂肪含量上升了37.75 %。

2.2.4.3 投资规模

5 000枚/台的脉动压腌制设备10万元，每批次10万枚，需20台，每枚蛋0.7元，每批次需7万元；流动资金按建设投资的30%计算，2.1万元。

主要包括厂房，脉动压腌制设备及生产工具、器具投资。该套工艺流程操作简便，仅对脉动压腌制设备要求严禁，对其他设备要求简单，适用于企业大规模生产，脱离人工操作，实施机械化生产。

2.2.4.4 市场前景及经济效益

通过该技术的推广与实施，按100万枚/批的腌制规模计算，每年可以多生产4 500万枚，每枚蛋利润0.8元，每年可收入3 600万元。

同时，采用该技术，可做到腌制液回收利用，防止了环境污染，节省了建设污水处理设施的费用，为企业带来经济效益。

2.2.4.5 联系方式

联系单位：华中农业大学食品科学技术学院

通信地址：湖北省武汉市洪山区狮子山街1号

联系电话：027-87283177

电子信箱：jgf@mail.hzau.edu.cn

2.2.5 新型咸蛋腌制剂

2.2.5.1 技术简介

该技术为一种新型咸蛋腌制剂。采用此腌制剂腌制咸蛋，加工周期短，腌制质量稳定，成本低廉，产品蛋壳洁净、蛋白细嫩、蛋黄松砂出油，无黑圈蛋等劣变蛋出现。腌制液澄清，且蛋内和腌制液中几乎无菌。不容易腐败，产品保质期长，贮藏220d后，相关指标仍符合GB2749—2003蛋制品卫生标准TVBN≤10mg/100g规定，感官上仍可以接受。

2.2.5.2 主要技术指标

该腌制剂可以根据生产需要不间断进行生产，每吨成本540元，可以腌制咸蛋10 000枚。

2.2.5.3 投资规模

流动资金按建设投资的30%计算。主要包括厂房，设备及生产工具、器具投资。生产设备简单，对设备要求不苛刻，适用于企业大规模生产。

2.2.5.4 市场前景及经济效益

该技术产品推广应用可以提高咸蛋外观品质及货架期，既能用于禽蛋加工工业，又便于千家万户使用。具有良好的示范效益及经济效益。

2.2.5.5 联系方式

联系单位：华中农业大学食品科学技术学院

通信地址：湖北省武汉市洪山区狮子山街1号

联系电话：027－87283177

电子信箱：jgf@mail.hzau.edu.cn

2.2.6 新型无斑点皮蛋

2.2.6.1 技术简介

该产品研究了腌制原料如金属盐、碱浓度、食盐浓度等因素对皮蛋表面斑点的影响，探究出影响皮蛋表面斑点的主要因素，有效减少了蛋壳表面斑点数量；建立了利用母液添加法控制表面斑点的腌制技术，有效解决了直接添加法造成的金属盐离子分布不均匀，斑点大的问题；通过Cu离子、Zn离子互配工艺能在腌制后期阻止碱液的渗透，防止出现烂头，进一步改善皮蛋内部感官品质；通过控制温度实现了斑点形成时间和数量的调控，形成斑点少且皮蛋呈现出五彩色泽，凝胶弹性好，风味清凉品质稳定。

2.2.6.2 主要技术指标

建立控制皮蛋表面斑点，提高皮蛋内在品质的腌制配方。

测定皮蛋蛋白和蛋黄质构性能、pH值、游离碱度、TVB-N值等指标。

新技术腌制的皮蛋产品能保持良好的产品质构性能，使硬度（2 000～3 000/g）、弹性（1.3～1.4/g）、凝聚力（0.5～1.0/g）、咀嚼性（2 000～3 000/g）、回复力（0.3～0.6/g）等指标数据在良好范围（括号中显示数据），使产品感官评定达到90以上，具有皮蛋特有的质构感官特点。

产品挥发性盐基氮（TVB－N）含量低于20mg/100g，铅、砷等无机离子的含量低于皮蛋国家标准中的最高限量的1/5。

2.2.6.3 投资规模

每批次100万枚计算，每枚蛋0.7元，每批次需70万元；流动资金按

建设投资的30%计算共21万元。主要包括厂房，皮蛋腌制液搅拌设备及皮蛋生产工具、器具投资。该套工艺流程操作简便，对设备要求简单，对温度控制有一定要求，适用于企业大规模生产。

2.2.6.4 市场前景及经济效益

按100万枚/批的腌制规模计算，每年可生产900万枚，每枚蛋利润0.8元，每年可收入720万元。通过该技术的推广实施，增加了皮蛋外观及内部品质，将带动销售，为企业带来经济效益。

2.2.6.5 联系方式

联系单位：华中农业大学食品科学技术学院

通信地址：湖北省武汉市洪山区狮子山街1号

联系电话：027-87283177

电子信箱：jinyongguo@mail.hzau.edu.cn

2.2.7 低钠味蛋加工技术

2.2.7.1 技术简介

食盐过多是导致高血压高发的重要原因之一，世界卫生组织推荐，健康成年人每天盐的摄入量不宜超过6g，而我国卫生部门有调查显示，每人每天食盐平均摄入量超过标准一倍多。针对这一问题，该技术生产的低钠味蛋，有传统咸蛋的风味，同时钠盐含量比传统的咸蛋低50%以上。

2.2.7.2 主要技术指标

低钠味蛋配方：钠盐、钾盐、白酒、鲜味剂等。

2.2.7.3 市场前景及经济效益

摄入钠盐过多，会加重心血管负担，长期的高盐饮食会引发高血压等心血管疾病的发生，一般建议成人每天摄盐6g以下。低钠食品含钠量少，有利于预防高血压、保护心脑血管，符合人们对健康饮食的要求。

2.2.7.4 联系方式

联系单位：江西省农业科学院农产品加工研究所

通信地址：江西省南昌市青云谱区南莲路602号

联系电话：0791－87090105

电子信箱：fjx630320@163.com

2.2.8 禽蛋清洗除菌剂生产技术

2.2.8.1 技术简介

针对鸡蛋、鸭蛋的清洁消毒技术做了深入的研究，开发出高效清洁且具有消毒作用的洗涤剂。该鲜蛋高效清洁消毒剂为液体水基清洗剂，主要成分为表面活性剂、助洗剂、软化水、含氯消毒剂、消泡剂等调制而成，清洗消毒能力强，安全、不燃、残留物少、低泡或无泡、快速脱脏、消毒，不影响蛋的品质，适合工业化生产，成本低廉，应用前景广阔。

2.2.8.2 主要技术指标

中小型加工企业按每天生产2t清洗剂计算，除去双休和法定假期，年生产能力达到500t，产品销售收入达1 250万元。

2.2.8.3 投资规模

建设投资600万元，流动资产投资180万元。

厂房：600m^2；设备和配套设施：搅拌机、灌装机、贴标机、封盖机和运输管道。

2.2.8.4 市场前景及经济效益

该技术生产出来的清洁剂各性能指标均符合国家相关标准清洁效果良好，高效，折合每枚鸡蛋的使用成本为0.015元。产品价格与进口产品相比有很大的竞争优势。目前，国内大部分鲜蛋清洁剂都是采用进口原料，因此该产品推广示范效果良好。

2.2.8.5　联系方式

联系单位：华中农业大学食品科学技术学院

通信地址：湖北省武汉市洪山区狮子山街1号

联系电话：027－87283177

电子信箱：jinyongguo@ mail. hzau. edu. cn

2.2.9　禽蛋高效清洁技术及清洁剂

2.2.9.1　技术简介

该产品主要由卵磷脂、吐温、硫代硫酸钠组成，外观呈浅黄色透明液体状，无荧光增白剂、无悬浮物或沉淀，无异味。去污能力强、刺激性小、低泡高效、稳定性好，具有易生物降解的特点。制备简便，制备及涂膜成本低廉，综合洗涤性能好，成本低，各项指标均符合国家要求标准。

2.2.9.2　主要技术指标

禽蛋高效清洁剂的生产项目均可认为经营安全，并具有较强的抗风险能力。

2.2.9.3　投资规模

流动资金按建设投资的30%计算，1万元。主要包括厂房，设备及生产工具、器具投资。其中，厂房、设备投资40万元；生产工具、器具2万元。

2.2.9.4　市场前景及经济效益

本产品进行技术推广后，能有效对禽蛋表面进行清洁与去污，保证蛋品的安全与卫生，具有十分广阔的应用前景，可产生明显的经济效益。

2.2.9.5　联系方式

联系单位：华中农业大学食品科学技术学院

通信地址：湖北省武汉市洪山区狮子山街1号

联系电话：027－87283177

电子信箱：mameihuhn@163.com

2.2.10 纯天然禽蛋油溶性抑菌涂膜剂

2.2.10.1 技术简介

成分全部为常见纯天然可食性材料，安全，无毒；添加纯天然植物精油，具有抑菌功能，可阻碍微生物入侵，同时，其本身具有的芳香气味会改善洁蛋的感官性状；乳化液成膜性能好，结构致密，对清洗后鲜蛋保质效果良好，能有效延长洁蛋货架期；蛋壳表面喷涂成膜后，蛋壳表面光滑洁净，感官评价优良，消费者可接受程度高，可实现在常温下100d的保鲜效果；有一定黏度，对涂膜设备进行适当调试后，亦容易喷涂成膜，可回收重复利用；制备及涂膜成本低廉。

2.2.10.2 主要技术指标

两种涂膜剂的生产项目均可认为经营安全，并具有较强的抗风险能力。年产1t乳化性涂膜剂年中试生产投资3.5万元、成本2.5万元、利润0.8万元。

2.2.10.3 投资规模

流动资金按建设投资的30%计算，0.8万元。主要包括厂房，设备及生产工具、器具投资。其中，设备投资2.6万元；生产工具、器具0.15万元。

2.2.10.4 市场前景及经济效益

本产品进行技术推广后，能有效延长鲜蛋货架期，同时在一定程度上可增强蛋壳硬度和光泽度，较长时间保持鲜蛋内部品质和营养价值，具有十分广阔的应用前景，可产生明显的经济效益。

2.2.10.5 联系方式

联系单位：华中农业大学食品科学技术学院
通信地址：湖北省武汉市洪山区狮子山街1号

联系电话：027－87283177

电子信箱：mameihuhn@163.com

2.2.11 高活性蛋清溶菌酶的高效提取技术

2.2.11.1 技术简介

溶菌酶作为一种天然高效的杀菌剂、防腐剂及保鲜剂，现已广泛应用于水产品、肉食品、蛋糕、酒类、饮料及果蔬中，且效果显著。溶菌酶是婴幼儿生长发育必需的抗菌蛋白，可添加至婴儿食品中，增强婴儿对病菌的抵抗力。

2.2.11.2 主要技术指标

该技术采用超滤法分离得到的溶菌酶得率为0.301%，纯度87%，比酶活18 200U/mg。超滤法直接分离鸡蛋清液溶菌酶得率较高。

2.2.11.3 投资规模

该提取方法获得率高，操作简便，适用于工业化大规模生产。可达到500t/年的生产能力。

2.2.11.4 市场前景及经济效益

总投资约5 000万元，其中，流动资产投资2 000万元。通过该项目的推广示范，有望达到年产500t食品级溶菌酶的生产能力。可实现年销售收入约10亿元。

2.2.11.5 联系方式

联系单位：华中农业大学食品科学技术学院

通信地址：湖北省武汉市洪山区狮子山街1号

联系电话：027－87282111

电子信箱：simonchoe@163.com

2.2.12　蛋品涂膜保鲜剂

2.2.12.1　技术简介

本研发中心针对洁蛋、皮蛋的涂膜保鲜技术做过多方面、大投入的研究，开发出多种不同成分、不同功能、不同特色的保鲜剂，成分均选自天然、无毒、安全、可食用材料，产品在禽蛋表面易喷涂；形成均匀透明的薄膜，封闭蛋壳表面的气孔，阻止蛋内水分的散失，延长保质期至90d以上。适合工业化生产，成本低廉，应用前景广阔。

2.2.12.2　主要技术指标

中小型加工企业按每天生产1.5t清洗剂计算，除去双休和法定假期，年生产能力达到375t，产品销售收入达1 875万元。

2.2.12.3　投资规模

建设投资600万元，流动资产投资180万元。

厂房：500m^2。

设备和配套设施：乳化机、灌装机、贴标机、封盖机和运输管道。

2.2.12.4　市场前景及经济效益

该技术生产出来的保鲜剂各性能指标均符合国家相关标准，针对不同蛋品加工厂设备，可提供乳化型、油溶型等多种性能的保鲜涂膜剂，折合每枚鸡蛋的使用成本为0.03元。产品价格与进口产品相比有很大的竞争优势。该产品推广示范效果良好。

2.2.12.5　联系方式

联系单位：华中农业大学食品科学技术学院

通信地址：湖北省武汉市洪山区狮子山街1号

联系电话：027－87283177

电子信箱：jinyongguo@mail.hzau.edu.cn

2.2.13 传统咸鸭蛋纳米涂膜保鲜包装及自动化生产新技术

2.2.13.1 技术简介

该项目在2007 年江苏省科技计划“传统蛋制品现代工艺关键技术装备与产业化开发”支撑下研发的蛋制品纳米涂膜保鲜包装新技术，并开发了传统咸鸭蛋熟煮—涂膜—包装自动化生产线。目前已在传统蛋品涂膜保鲜包装新材料、新工艺和新装备申请4 项国家发明专利，大大简化传统包装杀菌工艺，实现传统蛋制品生产的高效节能、低碳减排、绿色环保的现代自动化生产模式。主要用于传统咸鸭蛋和松花蛋规模化生产。

2.2.13.2 主要技术指标

功能性纳米涂膜材料保鲜包装保质期6 个月，自动化包装生产线年产量达1 000 万枚，比目前真空包装显著降低包装成本50% 以上。

2.2.13.3 投资规模

该技术每年可以完成2 000 万枚传统咸鸭蛋、松花蛋，自动化生产线的投资范围65 万～85 万元。

2.2.13.4 市场前景及经济效益

传统蛋制品采用功能性纳米涂膜包装新工艺、新材料和新装备，实现自动化，极大地提高生产效率和显著降低破损率；年产2 000 万枚咸鸭蛋中小规模企业可节约包装成本80 万～100 万元。因此，产业化前景非常看好。

2.2.13.5 联系方式

联系单位：南京农业大学食品科技学院

通信地址：江苏省南京市玄武区1 号

联系电话：025 - 84395618

电子信箱：qianjin@ njau. edu. cn

2.2.14 生物源有机钙

2.2.14.1 技术简介

本研发中心对蛋壳的开发利用做了大量的，深入的研究开发出包括乙酸钙，丙酸钙，柠檬酸钙，乳酸钙等系列蛋壳源有机钙，各项理化指标均优于市售并完全符合 HG 2921—1999 的要求，具有绿色天然，安全性高，毒性低生物利用率高等特点，帮助解决企业了大量蛋壳资源浪费和污染环境的问题，为食品，医药，工业上的应用提供了更优秀的选择。

2.2.14.2 主要技术指标

以丙酸钙为例：每产 1 t 蛋壳丙酸钙约需消耗蛋壳粉（不含膜）0.825 8 t，丙酸 0.807 7 t，氢氧化钙 0.010 6 t。每吨生产总成本约为 9 100 元（含仪器折旧、管理、人工和销售等费用）。

2.2.14.3 投资规模

该项目固定资产投资为 618.41 万元，流动资金投资 142.71 万元，年产 1 000t，年纯利润达 220.95 万元，经营安全率达 64.80%，投资回收期为 2.48 年。

厂房：1 000m^2。

设备和配套设施：干燥机、粉碎机、搅拌罐、反应釜、抽滤器、浓缩釜、喷雾干燥机和包装机。

2.2.14.4 市场前景及经济效益

蛋壳成本低廉，可降低生产成本，提高厂家的市场竞争力，减少环境污染。丙酸钙、乳酸钙、柠檬酸钙等有机钙产品与传统无机补钙剂相比，有明显优势。吸收效率高、刺激性小。其中，丙酸钙还是 WHO 和 HAO 批准使用的食品防霉剂，国内外市场前景广阔，利用鸡蛋壳中碳酸钙制备有机钙可产生良好的社会效益和经济效益。

2.2.14.5 联系方式

联系单位：华中农业大学食品科技学院

通信地址：湖北省武汉市洪山区狮子山街1号

联系电话：027－87283177

电子信箱：huangxi@ mail. hzau. edu. cn

2.2.15 蛋壳源生物活性有机钙

2.2.15.1 技术简介

本产品分为蛋壳源丙酸钙、柠檬酸钙、乙酸钙等系列；外观呈白色粉末状，可加工成粉剂、片剂、胶囊剂以及液体剂；蛋壳源丙酸钙可作为效果良好的食品防腐剂、蛋壳源柠檬酸钙、乙酸钙可作为生物活性补钙剂；本产品主要原料来源于蛋壳，成本低廉，制备工艺成熟，可行性高。

2.2.15.2 主要技术指标

该技术方法对蛋壳回收率高达94.47％，膜的残留率为0.27％，丙酸钙得率98.26％，丙酸钙的纯度达到99.13％。

2.2.15.3 投资规模

流动资金按建设投资的30％计算，3万元。主要包括厂房，设备及生产工具、器具投资。其中，设备厂房投资100万元；生产工具、器具2万元。该套工艺流程操作简便，对设备要求不苛刻，适用于企业大规模生产。

2.2.15.4 市场前景及经济效益

通过该技术的推广实施，每1亿枚蛋壳可生产丙酸钙1 050t，每吨丙酸钙的市场售价大概为1 000元，由此产生的经济收益超过100万，环境保护和能源节约带来的附加效益。

2.2.15.5 联系方式

联系单位：华中农业大学食品科学技术学院

通信地址：湖北省武汉市洪山区狮子山街1号

联系电话：027－87283177

电子信箱：caizhaoxia@ mail. hzau. edu. cn

2.2.16 高效专用蛋粉生产技术

2.2.16.1 技术简介

利用糖基化改性获得高凝胶性蛋白粉，产品的凝胶性能、热变性温显著提高，黏度、溶解度无明显的改变，应用效果显著优于普通脱糖蛋清蛋白粉和大豆蛋白粉，可满足某些特定行业的需要。

利用酶改性工艺获得高乳化性蛋黄粉，与普通蛋黄粉相比，产品的流散性质更好，显示出了更大的吸湿性和吸油性，更为重要的是，改性后的蛋黄粉表面空洞增加，结构更加松散，乳化容量可以提高 80%。还具有更好的乳化活性，乳化稳定性和蛋白质溶解性。

2.2.16.2 主要技术指标

高凝胶性蛋清粉的凝胶强度大于 1 200g/cm^2；对高乳化性蛋黄粉和普通蛋黄粉产率进行了中试对比分析，产率分别为 96.7% 和 91.3%。与蛋黄和普通蛋黄粉相比，具有更好的乳化稳定性质。

2.2.16.3 投资规模

每批次 100 万枚，每枚蛋 0.4 元，每批次原料含酶解成本需 50 万元；流动资金按建设投资的 30% 计算，30 万元。

主要包括厂房，设备及生产工具、器具投资。主要设备有全自动旋转氏打蛋机、卫生级封闭式搅拌罐、高速离心喷雾干燥机和粉体包装机。

2.2.16.4 市场前景及经济效益

通过该技术的推广实施，每 1 000 万枚鸡蛋可生产专用蛋白粉 40t，生产专用蛋黄粉 100t。按每千克蛋粉 200 元计算，每 1 000 万枚鸡蛋可带来销售收入 2 800 万元。

2.2.16.5 联系方式

联系单位：华中农业大学食品科学技术学院

通信地址：湖北省武汉市洪山区狮子山街 1 号

联系电话：027 - 87283177

电子信箱：huangxi@ mail. hzau. edu. cn

2.2.17 蛋清生物活性肽的开发与利用技术

2.2.17.1 技术简介

本系列产品包括以蛋清、咸蛋清和蛋壳膜为原料，通过不同技术方法降解获得的具有抗菌、抗氧化性等功能活性的新型多肽产物。

2.2.17.2 主要技术指标

在技术上采取二次提取法进行蛋清肽的制备，使得得率大幅提升，并形成了一整套蛋清抗氧化肽的制备技术。产能可达到 20t/d 的生产能力，其中，生物活性肽含量在 3% 以上。

2.2.17.3 投资规模

造价为 1 000 万元，流动资产投资 400 万元。需要厂房 1 000m^2，以及蛋清生物酶解反应器、离心机、过滤分离等设备，配套设施包括水、电、气等供给设施。

2.2.17.4 市场前景及经济效益

通过该技术的推广示范，有望达到 20t/d 以上的生产能力，据此计算，每年可生产 180t 生物活性肽。可实现年销售收入 10.8 亿元。

2.2.17.5 联系方式

联系单位：华中农业大学食品科学技术学院

通信地址：湖北省武汉市洪山区狮子山街 1 号

联系电话：027 - 87282111

电子信箱：simonchoe@ 163. com

2.2.18 蛋清低聚肽（寡肽）的生产技术

2.2.18.1 技术简介

蛋清寡肽是鸡蛋清经生物酶改性得到的小分子肽。鸡蛋的蛋清蛋白凝

胶性强、黏度高、加热易凝固，不利于工业化生产，若经过生物酶改性，其功能性质得到很大的改善，即分子量小、溶解性强、黏度低、热稳定性强、致敏性低，利用率提高，且具有潜在的生物活性，可广泛应用于医药、食品等行业。蛋清寡肽既可作为婴幼儿、老年人、术后病人的营养食品补充营养，也可作为运动员食品，补充消耗的体力。

2.2.18.2 主要技术指标

蛋清寡肽：蛋白质回收率≥65%，肽相对分子质量350～700，溶解度≥98%。

2.2.18.3 投资规模

投资规模主要需要根据年产量进行设定。

2.2.18.4 市场前景及经济效益

可实现年生产1 500t的能力，可实现年销售收入8 000万元。通过鸡蛋深加工，提高鸡蛋附加值，为鸡蛋深加工企业提供技术保障，经济效益和社会效益巨大。

2.2.18.5 联系方式

联系单位：东北农业大学食品学院

通信地址：黑龙江省哈尔滨市香坊区木材街59号

联系电话：0451－55191793

电子信箱：yjchi@126.com

2.2.19 鲜禽蛋分级、清洁、消毒、保鲜、包装技术

2.2.19.1 技术简介

机械处理能力分每小时3 500枚、5 000枚、10 000枚和20 000枚，适合中国现有农村的蛋禽养殖规模并兼容我国养殖现状下，禽蛋大小差异大、蛋壳厚薄不均、外壳较脏等特性，设备维护容易、成本低、使用简便。适合广大蛋禽养殖专业户和中小型蛋品加工企业使用。

2.2.19.2 主要技术指标

处理能力分为3 500枚/h、5 000枚/h、10 000枚/h和20 000枚/h 4种。

分级、清洁、消毒、保鲜、包装可任意选配。

分级共7级。

能够清洁所有鸡蛋和鸭蛋表面粪污和杂物。

有效杀灭致病菌并大幅降低表面菌落总数。

涂油保鲜达到正常鲜蛋效果。

包装：可按要求设定自动包装。

2.2.19.3 投资规模

造价3万~60万元，无新增流动资产。厂房从20~2 000m^2均可；配套设施：220~380V电源、自来水源。

2.2.19.4 市场前景及经济效益

经过分级、清洁、消毒、保鲜、包装的鲜蛋售价可提高5%~20%，成本仅增加2%~5%，可增利润3%~15%。蛋禽养殖专业户使用后可大大提高养殖收益，中小型蛋品加工企业使用后可大幅提高工效并提高产品的标准化程度和提高产品质量。

2.2.19.5 联系方式

联系单位：福建光阳蛋业股份有限公司；福州闽台机械有限公司

通信地址：福建省福州市杨桥东路11号中闽大厦B座16楼

联系电话：0591-87279003

电子信箱：chinaegg@vip.sina.com

2.2.20 禽蛋中活性成分提取技术

2.2.20.1 技术简介

禽蛋中含有极其丰富的蛋白质与活性物质，本课题组对蛋壳膜、蛋清

中主要成分的活性开展了长期研究，发现了其中的多种活性物质。尤其是针对壳膜多肽和蛋清中的溶菌酶的提取技术已成熟，达到工业化生产水平。鸡蛋壳膜肽具有很强的抗氧化活性。具有优良的抗氧化性能，溶菌酶的酶活可达 18 000U/mg。

2.2.20.2 主要技术指标

以溶菌酶为例：中小型加工企业按每天生产 0.2t 溶菌酶计算，除去双休和法定假期，年生产能力达到 50t，产品销售收入达 5 000 万元。

2.2.20.3 投资规模

建设投资 1 000 万元，流动资产投资 400 万元。

厂房：500m^2。

设备和配套设施：打蛋机、均质机、吸附—洗脱罐、膜过滤设备、超滤设备、喷雾干燥机和包装机。

2.2.20.4 市场前景及经济效益

壳膜蛋白可从废弃的蛋壳膜中提取，对农产品高效加工利用和精深加工有较好的推广示范效果。提取技术先进，市场竞争力强，附加值高，经济效益显著。

2.2.20.5 联系方式

联系单位：华中农业大学食品科学技术学院

通信地址：湖北省武汉市洪山区狮子山街 1 号

联系电话：027－87283177

电子信箱：huangxi@ mail. hzau. edu. cn

2.2.21 蛋壳膜可溶性胶原蛋白以及多肽产品胶囊

2.2.21.1 技术简介

该产品分为可溶性鸡蛋壳膜蛋白与多肽系列；可溶性鸡蛋壳膜蛋白外观呈絮状固体物，可溶性活性多肽为白色粉末状，可加工成粉剂、片剂、

胶囊剂以及液体剂；可溶性鸡蛋壳膜蛋白与多肽具有优异的抗氧化活性，将成为市场的主导，成为化妆品行业和食品等行业的重要原料。该产品主要原料来源于蛋壳膜，成本低廉，制备工艺成熟，可行性高。

2.2.21.2 主要技术指标

该产品采用二次提取技术蛋壳膜蛋白的提取率达到93.62%，鸡蛋壳膜蛋白酶解产物水解度和氮收率分别为46.12%和85.56%，技术成熟可行。

2.2.21.3 投资规模

流动资金按建设投资的30%计算，5万元。主要包括厂房，设备及生产工具、器具投资。其中，厂房设备投资40万元；生产工具、器具2万元。该套工艺流程操作简便，对设备要求不苛刻，适用于企业大规模生产。

2.2.21.4 市场前景及经济效益

通过该技术的推广实施，每1亿枚蛋壳可生产蛋壳膜50t，可获得壳膜蛋白约42t。按市场报价每千克壳膜蛋白300元计算，仅此一项可实现利润1 260万元。除此之外，还可以产生具有更高经济价值的活性多肽，以及由环境保护和能源节约带来的附加效益。

2.2.21.5 联系方式

联系单位：华中农业大学食品科学技术学院

通信地址：湖北省武汉市洪山区狮子山街1号

联系电话：027－87283177

电子信箱：caizhaoxia@ mail. hzau. edu. cn

2.2.22 蛋壳、壳膜高效环保综合利用技术

2.2.22.1 技术简介

以水为分离介质的壳膜高效环保分离技术，不会对环境造成二次污染，而且蛋壳、壳膜的回收率很高，显著提高了蛋壳粉及蛋壳膜的利用价值。

利用鸡蛋壳制备乳酸钙、柠檬酸钙、乙酸钙、丙酸钙4种蛋壳源有机

钙的成套工艺技术，不仅产品得率高，而且该工艺技术（二次反应法与纯化）比直接反应法的最佳反应温度低，反应时间减少了 2～4h，耗能少，有机酸用量少，选择出的最适絮凝剂廉价易得，条件易于控制，产品纯度高。

蛋壳源有机钙产品制备技术。以蛋壳制备的有机钙为原料，在消化美国、日本和国内 20 多种补钙产品基础上，通过科学的组方，形成有机钙补钙片和软胶囊 2 种产品。不仅采用的生物源有机钙，而且钙的吸收利用率很高，能发挥很好的补钙效果。

课题形成的食品级、饲料级乙酸钙、丙酸钙可以广泛作为食品（如蛋糕、面包、等糕点）、饲料的防霉剂或防腐剂。

针对壳膜，建立了可溶性鸡蛋壳膜蛋白“二次提取法”工艺，测试了可溶性鸡蛋壳膜蛋白进行了相关理化性质比较全面的测定，获得了多项发现。形成了鸡蛋壳膜蛋白酶解工艺技术，建立了化学发光法测定蛋膜蛋白抗氧化活性肽的一整套方法。采用凝胶排阻色谱将碱性蛋白酶酶解液分离出 3 个组分 SP1、SP2 和 SP3，利用化学发光法测定了各组分 $O_2^{\cdot-}$ 清除率，发现蛋膜蛋白制备的多肽具有最强的抗氧化活性，找出了蛋白肽抗氧化的“剂量—效应关系”和“效应饱和”现象。

2.2.22.2　主要技术指标

蛋壳回收率高达 94.47 %，膜的残留率为 0.27 %，以膜回收率为标准，得到蛋壳膜收率为 4.22 %（膜的回收率 95% 以上），蛋壳中膜残留率 3.34 %。通过筛除粒径小于 0.074mm 的蛋壳粉，壳膜分离量减少了 41.04%。

本课题形成的成套工艺技术，产品得率 98% 以上，产品的纯度达到 99% 以上。以蛋壳制备的有机钙为原料，通过科学的组方，形成 2 种有机钙补钙产品，有片剂和胶囊两种产品形式。

采用凝胶排阻色谱将碱性蛋白酶酶解液分离出 3 个组分 SP1、SP2 和 SP3，3.2 化学发光法测定了各组分 $O_2^{\cdot-}$ 清除率，发现以 618.86Da（570－670Da）蛋膜蛋白肽（组分 SP2）具有最强的抗氧化活性。

2.2.22.3 投资规模

投资根据选定生产产品而定。可以利用蛋壳生产1种产品，而可以生产几种产品，最多只能生产乳酸钙、柠檬酸钙、乙酸钙、丙酸钙4种蛋壳源有机钙产品。生产制备1种产品，固定资产投资160万~180万元，4种产品生产，共用部分设备，固定资产投资300万~380万元。由于蛋壳来源易得，目前属于废弃物，蛋壳与壳膜原料成本比较廉价，加上其他辅助材料等，流动资产投资500万元左右。

需要厂房面积1 000~1 200m^2（生产车间）。如果单独建厂，需要有办公、职工住宿、生活、排污等配套设施；根据我国目前有些非工厂化加工禽蛋现状，建议配套建设蛋壳收集、初处理和贮存设施。

2.2.22.4 市场前景及经济效益

我国是世界生产大国，禽蛋产量巨大，每年产生巨大的蛋壳资源。蛋壳占鲜蛋重量的11 %~13 %，因此，我国每年产生的禽蛋蛋壳量在300万t以上。在餐饮和食品加工业中，人们主要利用禽蛋的可食部分即蛋白和蛋黄，蛋壳被作为废弃物扔掉，引起严重的环境污染和资源浪费。

蛋壳含有丰富的钙质资源，本项目能充分利用蛋壳钙质资源。蛋壳主要由无机物和有机物构成，其中，无机物约占蛋壳重量的94 % ~ 97 %，主要含有93 %左右的$CaCO_3$，另还含有少量的$MgCO_3$（约占1 %）及$Ca_3(PO_4)_2$与$Mg_3(PO_4)_2$混合物。鸡、鸭和鹅蛋壳含有的碳酸钙大约分别93%、94.4%和95.3%，不仅可以提高资源利用率，而且具有充分利用资源、减少环境污染、建设两型社会等重要的环保意义。禽蛋蛋壳与其他钙源如贝壳、骨骼和天然石灰石等相比，其形成的时间极短，几乎没有受到环境污染，其中重金属含量极低，因此是一种生物活性钙。使用蛋壳作为生产有机酸钙的钙源，可减少有机酸钙中的重金属含量，提高产品质量。蛋壳成本低廉，可降低生产成本，提高厂家的市场竞争力，减少环境污染。

蛋壳源有机钙具有十分广阔应用前景，能广泛应用于医药、食品及饲料等行业。例如蛋壳制备丙酸钙对霉菌、好气性芽孢杆菌、革兰氏阴性菌

有明显的抑制作用，而对酵母的生产影响不大，是一种应用于食品、酿造、饲料等方面的新型、安全、高效的防霉剂，国内国际市场的需求均很大，市场发展前景良好。因此，推广示范效果将十分显著，经济效益、社会效益、环保效益均十分明显。

2.2.22.5 联系方式

联系单位：华中农业大学食品科学技术学院

通信地址：湖北省武汉市洪山区狮子山街1号

联系电话：027－87283177

电子信箱：mameihuhn@163.com

2.2.23 废弃蛋壳制备印染废水吸附剂

2.2.23.1 技术简介

该项目以废弃蛋壳（鸡蛋、鸭蛋和鹅蛋）为主要原料，采用热活化技术，协同其他絮凝剂，可有效除去印染废水中的直接染料、活性染料、酸性染料和碱性染料，对染料品种的适应性广，脱色效率高。项目研究的吸附剂的核心成分和工艺已申请了国内发明专利。

2.2.23.2 主要技术指标

年加工能力1 000t的蛋壳吸附剂。实验结果表明：在添加量为600mg/L吸附剂时，染料的去除率达到90%以上，产品增值率≥300%。

2.2.23.3 投资规模

单位成本：1 000元/t；铺底流动资金51.7万元。

需要的厂房1 000m^2；所需设备：粉碎机、反应釜、混合机、输送机、料仓、皮带输送机、干燥机、冷却机、包装机、电器控制柜。

2.2.23.4 市场前景及经济效益

年加工能力1 000t吸附剂，项目总投资100万元，产品年销售收入150万元，税金25.5万元，年利润24.5万元，投资利润率24.5%。

2.2.23.5 联系方式

联系单位：湖北省农业科学院农产品加工与核农技术研究所

通信地址：湖北省武汉市洪山区南湖大道5号

联系电话：027－87284997

电子信箱：2005lily@ gmail. com

3　乳品加工技术

3.1　概述

3.1.1　主要原料及其生产情况

2014年，我国奶牛存栏1 460万头，同比增长1.3%，达到历史最高水平。存栏100头以上的奶牛规模养殖比重达到45%，比2013年同期增长了4%，小规模养殖户有所减少。占我国奶牛80%以上的荷斯坦牛及其改良牛平均单产达到6t，提高了500kg，9t以上的奶牛达到130万头。2014年，全国进口改良种用牛21.54万头，同比增长110.7%。2014年，国家投资改扩建奶牛养殖场1 000家，支持养殖企业进口良种奶牛19万头，优质奶源基地进一步扩大。

2014年，牛奶产量3 725万t，同比增长5.5%，接近历史最高水平的2012年的产量（3744万t），生鲜乳产量增加了10%。

3.1.2　乳品加工行业现状

乳品加工是指以生鲜牛（羊）乳及其制品为主要原料，经加工制成液体乳及固体乳（乳粉、炼乳、乳脂肪、干酪等）制品的生产活动（不包括含乳饮料和植物蛋白饮料生产活动）。乳品加工的主要产品可分为：乳粉类、液态奶类、炼乳、乳清粉、奶油、干酪、干酪素和冰淇淋。2014年，全国规模以上乳品加工企业为631家，相比2013年减少27家；实现主营业务收入是3 297.7亿元，同比增长18.1%；累计实现利润总额225.3亿元，同比增长25.6%。分区域看，东部地区拥有企业210家，占规模以上乳制品加工业企业的33.3%，完成主营业务收入1 274.4亿元，同比增长

7.8%，实现利润总额65.2亿元，同比下降0.7%；中部地区拥有企业105家，占16.6%，完成主营业务收入380.6亿元，同比增长4.7%，实现利润总额23.8亿元，同比增长15.1%；西部地区拥有企业230家，占36.5%，完成主营业务收入1 123.2亿元，同比增长41.3%，实现利润总额89.5亿元，同比增长59.8%；东北地区拥有企业86家，占13.6%，完成主营业务收入519.4亿元，同比增长5.9%，实现利润总额46.7亿元，同比增长23.9%。2014年，全国规模以上乳品加工业企业出口总量为4万t，同比增长10.6%，出口总额为0.57亿美元，同比增长31.7%；进口总量为181.3万吨，同比增长13.8%，进口总额为64.1亿美元，同比增长23.6%。

中国乳制品行业起步晚、起点低，但发展迅速。特别是改革开放以来，奶类生产量以每年两位数的增长幅度迅速增加，远远高于1%的同期世界平均水平。但同时，中国人均奶消费量与发达国家相比，甚至与世界平均水平相比，差距都还十分悬殊。随着中国乳业的迅速发展，乳品行业的产品结构发生了很大的变化，已成为技术装备先进、产品品种较为齐全、初具规模的现代化食品制造业。中国是乳制品生产和消费大国，因此乳制品行业作为新兴食品行业，具有很大的发展潜力。

3.1.3 乳品加工技术发展趋势

近几年，我国乳品工业发展较快，乳品加工关键技术主要有膜分离技术、生物工程技术，冷杀菌技术和检测技术。其中，膜分离技术因其具有分离、浓缩、纯化与精致的功能而被普遍应用到食品、医药等领域，许多大型企业采用这项技术来进行对原料中孢子与细菌的处理，但是由于我国的乳品行业还在初级发展阶段，膜的装置与材料以及组装技术等方面有待提高；生物工程技术在乳品行业中主要用于提高乳品的生产效率，进而提高乳制品产量，而且进一步开发研制并利用乳制品中对人体有益的免疫球蛋白来抑制并杀死肠道病菌，可进而提高人体免疫力；与传统杀菌技术相比，冷杀菌技术杀菌过程中不必改变食品温度，可以最大限度地保留乳品中的色、香、味以及营养成分，冷杀菌技术主要有高压脉冲杀菌、超声波

杀菌、磁力杀菌以及紫外线杀菌等技术，在保障乳品质量方面都有着十分重要的作用；乳品检测技术可以保证加工生产出的乳品质量，尤其是乳品中一些活性物质与毒素的检测，关系到人民群众的生命财产安全，目前的乳品检测技术主要有超声波技术、生物传感技术与免疫学技术等，而我国在对乳品的检测方面还是刚刚起步阶段，还未研发出属于自己的检测技术。随着人们生活水平的逐渐提高，乳品生产企业以及乳品设备研发企业都面临着严峻的考研，因此，应多引进国外先进技术与经验，并在国外的先进设备基础上，努力研发出自己的设备，促进我国乳品加工关键技术与主要设备的进一步发展。

3.2 乳品加工实用技术

3.2.1 新型干酪加工技术

3.2.1.1 技术简介

以牛奶或其他奶源为原料，生产适合国内市场消费的新型干酪：天然新鲜奶酪、双蛋白干酪、益生菌干酪、酶改性干酪等产品。通过超滤、益生菌和复合凝乳剂的添加、酶促成熟等新技术优化集成，缩短干酪成熟时间，提高干酪品质和功能性。

3.2.1.2 主要技术指标

利用本项技术通过原料乳品质控制，新技术的应用和工艺参数的优化可以获得优质干酪产品，产品各项感官指标、卫生指标和理化指标符合国家相关技术或产品标准。

3.2.1.3 投资规模

配套设备设施造价约为300万元，流动资金80万元左右。该技术适合中小型乳品生产企业。

3.2.1.4 市场前景及经济效益

以建设每天处理原料奶50t的干酪生产线计算，消耗原料奶近7.5万t，生产干酪0.67万t，实现销售收入3亿元。利润0.6亿元。

3.2.1.5 联系方式

联系单位：北京工商大学

通信地址：北京市海淀区阜成路11号

联系电话：010-68985456

电子信箱：yangzhennai@th.btbu.edu.cn

3.2.2 新型双蛋白干酪加工技术

3.2.2.1 技术简介

该技术针对双蛋白干酪加工中所需的复合发酵剂及凝固剂进行多目标筛选。以酪蛋白和大豆蛋白混合组成的混合乳原料体系为基质，结合乳品加工常用发酵剂菌种和农产品加工中心保持的200余株乳酸菌的发酵性能进行分析、评价和筛选。针对双蛋白干酪加工中所需的凝固剂，研究了微生物凝乳酶和植物蛋白凝固剂（包括转股酰胺酶、碱性蛋白酶、中性蛋白酶、菠萝蛋白酶、木瓜蛋白酶等）组成的复合酶凝固剂对双蛋白干酪乳液体系的凝胶形成特性的影响，对其凝胶形成规律和凝胶特征进行分析和评价。

该技术以现代农业产业技术体系建设专项资金资助（CARS—37）为依托，其应用具有自主知识产权的乳酸菌发酵剂及凝乳酶已通过鉴定。该技术适合工业化生产，可以推广应用。综合各项技术指标，该技术位居国内领先水平。

3.2.2.2 主要技术指标

大豆蛋白添加量占蛋白总量的20%以上。该技术可以有效节约牛奶资源，每吨干酪生产成本降低15%。

3.2.2.3 投资规模

年产500t双蛋白干酪，厂房及设备造价约为500万元，流动资金100万元左右。该技术适用于乳制品（干酪）生产企业。

3.2.2.4 市场前景及经济效益

随着我国的开放和对外交流的加强，西方饮食文化也逐渐渗入我国人民日常生活当中，干酪正在被越来越多的人所接受。而目前我国干酪市场被进口产品所占领，且品种少、价格高，因此，国产干酪的研究在我国食品行业中将有广阔的开发应用前景。本研究应用具有自主知识产权的发酵剂及凝乳酶，结合中国人的饮食习惯，开发中式风味双蛋白干酪，不仅可以提供营养更加均衡，更加适合中国人口味的干酪制品，而且还可以显著降低生产成本，乳制品企业将愿意接纳该技术。因此，该技术应用的市场前景广阔。

3.2.2.5 联系方式

联系单位：吉林省农业科学院

通信地址：吉林省长春市净月经济开发区彩宇大街1363号

联系电话：0431-87063145

电子信箱：narcc2007@163.com

3.2.3 系列干酪加工技术及产品开发

3.2.3.1 技术简介

该成果以牛奶为原料，制备以适合国内市场消费的干酪：切达、Camembert干酪、瑞士型干酪、再制干酪、新鲜奶酪等干酪产品，加工中通过酶促、超滤及蛋白交联等新技术优化集成，缩短了干酪成熟时间，切达干酪成熟时间由18周缩短为12周，并保持良好的干酪品质。Camembert干酪研究中提高了干酪得率近10%、高共轭亚油酸瑞士型干酪加工采用了高CLA高转化菌株为辅助发酵剂，共轭亚油酸含量是常规含量的1.5倍以上。

再制干酪可以制备切片干酪、涂抹干酪、烟熏干酪肠等形式的重制干酪。上述产品技术成熟，并可提供配套设备或生产线工程设计，产品具有很好的市场前景。适合于我国国内市场消费的干酪品种，主要是新鲜干酪，短成熟期干酪和重制干酪。

3.2.3.2 主要技术指标

目前，国内干酪消费主要依赖于进口，年均奶酪增长率为30%以上。干酪市场发展空间很大，前景广阔。世界发达国家年人均干酪消费20多kg，我国人均占有量仅为15g左右，如果每人年增加10g，则国内需要增加干酪生产1.35万t，若完全取代进口则需要建设每天处理原料奶200t的干酪厂4家。消耗原料奶近30万t，生产干酪2.7万t，实现销售收入12.15亿元。利润2.43亿元。

3.2.3.3 投资规模

厂房及设备造价为500万元左右，流动资金为100万元左右。该技术适用于乳品生产企业。

3.2.3.4 市场前景及经济效益

在乳业发达国家干酪是主要消费乳制品品种，发达国家年人均消费干酪达20kg，而国内干酪的生产和消费量很低，市场处于起步阶段。国内干酪消费主要依赖于进口，年均奶酪增长率为30%以上。干酪市场发展空间很大，前景广阔。

如果建设每天处理原料奶200t的干酪厂1个。消耗原料奶近7.3万t，生产干酪7 000多t，实现销售收入3.4亿元。利润0.6亿元。目前在北京三元企业应用生产干酪。

3.2.3.5 联系方式

联系单位：中国农业科学院农产品加工研究所

通信地址：北京市海淀区圆明园西路2号

联系电话：010－62816473

电子信箱：zhbgs5109@126. com

3.2.4 天然益生菌干酪生产技术

3.2.4.1 技术简介

天然益生菌干酪作为干酪家族的重要组成，其含水量高、风味温和、质地柔软，在世界范围内广受欢迎，并且使用江米酒酒曲凝乳酶，产品风味也更容易被我国消费者所接受。

3.2.4.2 主要技术指标

天然益生菌干酪产能为每年1 000t。在该种干酪的生产中采用快速成熟技术，生产周期短，成本较低，在产品的生产和推广上具有独特的优势。

3.2.4.3 投资规模

车间建设成本约为2 000万元，设备费用约为3 000万元，原料乳、配料、人工费、维修费、包装材料及水电燃气等费用共计约2 000万元，总投资成本约为7 000万元。需要储奶罐、净乳设备、制冷设备、杀菌设备、搅拌设备、凝乳设备、压榨设备、全自动CIP清洗等设备。

厂区建设在靠近奶牛饲养地的城市郊区，具备可靠的地质条件和清洁稳定的水源，并且上风向没有对环境形成污染。厂区建设合理，具备冷库等必需设施。

3.2.4.4 市场前景及经济效益

该技术已进行小规模生产并取得了良好的效果，受到消费者和示范点企业的欢迎。我国发展天然新鲜干酪产业对促进中国乳业的发展具有重要的意义，并具有广阔的发展前景。

3.2.4.5 联系方式

联系单位：北京工商大学

通信地址：北京市海淀区阜成路11号

联系电话：010-68985456

电子信箱：yangzhennai@ th. btbu. edu. cn

3. 2. 5 干酪乳清回收技术及产品开发

3. 2. 5. 1 技术简介

乳清是干酪凝乳后排除的含干物质为7%左右的液体，含有4. 6%的乳糖、0. 6%的蛋白、0. 7%的乳钙等无机盐。干酪生产中排放约占加工原料奶的90%的大量乳清。如直接排放不仅造成大量资源浪费，也会造成严重的环境污染。本项目将采用微滤、超滤、纳滤、反渗透等多种膜技术优化集成，对乳清进行逐级分离、浓缩和纯化，喷雾干燥等，得到系列乳清产品，如脱盐乳清粉、乳清粉、乳清分离蛋白（WPI）、乳清浓缩蛋白（WPC）、乳糖、乳钙、α－乳白蛋白浓缩物、酶解发酵乳清液等产品。提高干酪加工企业的经济效益和核心竞争力，提高资源有效利用率，减少环境污染。乳基配料可用于多种乳制品及其他食品加工中，具有广阔的销售市场。

3. 2. 5. 2 主要技术指标

干酪副产物乳清中仍含有6% ~7%的干物质，按每年27万t乳清计算，经过各级膜分离后制的乳清粉类产品1. 62万t（理论值）。按干酪价格的1/3计约有2. 43亿元的收入，还可减少乳清的部分进口。回收乳清、减少排放的生态产业，扩大新市场的新兴产业，具有显著的经济效益和社会效益。

3. 2. 5. 3 投资规模

厂房及设备造价约为500万元左右，流动资金约为100万元左右。该技术适用于乳品生产企业。

3. 2. 5. 4 市场前景及经济效益

近几年，我国奶业取得了飞速的发展，年增长率超过了20%。每年都从国外进口大量的乳清制品，消耗大量外汇并增加了企业成本；另外，干

酪是许多企业看好的乳制品，但乳清回收利用因干酪生产规模小，进口全套膜分离乳清回收生产线投入很大，没有规模效益，制约了干酪的生产。因此，开发国产化乳清回收设备及配套技术对解决这一问题具有重要意义。开发的产品具有广阔的市场前景。特别是将进口普通乳清粉进行膜分离脱盐、精制后可部分替代原料进口，经济效益显著。同时，该技术的建立将大大延长乳品加工产业链，也可用于乳品加工中的浓缩及乳成分的分离。目前正与飞鹤乳品企业进行乳清回收生产线的建立和试生产。

3.2.5.5 联系方式

联系单位：中国农业科学院农产品加工研究所

通信地址：北京市海淀区圆明园西路 2 号

联系电话：010－62816473

电子信箱：zhbgs5109@126.com

3.2.6 新型乳酸菌发酵剂和凝乳酶的制备技术

3.2.6.1 技术简介

该技术针对发酵乳即酸奶和干酪生产所需的乳酸菌发酵剂和凝乳酶，从我国（如内蒙古自治区和东北地区）传统发酵制品中筛选产胞外多糖的乳酸菌菌种，研制直投式发酵剂，同时利用生物工程技术研制凝乳酶。包括传统发酵制品中乳酸菌的分离筛选、发酵剂研制及在酸奶生产中的应用；微生物发酵生产凝乳酶及在干酪生产中的应用。

该技术已获得三项授权专利（植物乳杆菌发酵剂及其制备方法与专用菌株，专利号：ZL200810239475.0）；（乳酸菌发酵剂及其制备方法与专用菌株，专利号：ZL200810239473.1）；（一株具有降胆固醇功能的植物乳杆菌及其应用，专利号：ZL201010034128.1）和吉林省登记科技成果证书（新型乳酸菌发酵剂和凝乳酶的研制，证书号码：2010384），该技术成熟，适合工业化生产，可以推广应用。综合各项技术经济指标，该成果达到国内领先水平。

3.2.6.2 主要技术指标

直投式发酵剂活菌数达 10^{11} cfu/g。应用本技术，每吨发酵乳生产成本降低20%～30%。

3.2.6.3 投资规模

年产1t发酵剂或凝乳酶，厂房及设备造价约为2 000万元左右，流动资金300万元左右。该技术适用于发酵乳制品（酸奶、干酪）生产企业。

3.2.6.4 市场前景及经济效益

该技术在吉林省广泽乳业有限公司应用生产Mozzarella干酪，可以使干酪产量提高3.2%，每吨鲜奶可以增加干酪产量3.2kg，按照市场价格160元/kg计算，每吨鲜奶可以增加利润512元。

3.2.6.5 联系方式

联系单位：吉林省农业科学院

通信地址：吉林省长春市净月经济开发区彩宇大街1363号

联系电话：0431-87063145

电子信箱：narcc2007@163.com

3.2.7 低苦味乳蛋白活性肽制备技术

3.2.7.1 技术简介

乳蛋白含有众多具有生物活性的肽片段，如酪啡肽、降血压肽、酪蛋白磷酸肽、抗菌肽等，且人们可通过蛋白酶水解制的多肽和小分子短肽物质，但酶解蛋白制备活性水解肽时产生苦味严重影响了水解肽的应用。

本成果在对酶解酪蛋白苦味肽的疏水性、分子量分布、氨基酸组成及序列分析；对水相、醇相酪蛋白肽的功能特性比较，对经过膜分离得到的不同分子量肽段混合组分的功能特性研究等基础上，建立了复合酶、两段法水解工艺，制备出低苦味、高水解度、具有抗氧化、镇静安神、降血压等功能的活性短肽。

尽管如此，所制备的活性肽仍具有一定的苦味，为此，选用了蛋白酶与肽酶平衡、并具有微生态作用的菌体对活性肽进行发酵、酶解处理，使酶解肽显著脱苦，并制成具有抗氧化功能的微生态制剂，菌数可达 1×10^{11} cfu/g。

活性肽粉具有低苦味、低过敏性、高生物活性等特点，可用于婴儿配方奶粉、功能食品、饮料、临床营养品等配料。

3.2.7.2 主要技术指标

乳蛋白水解肽得率可以达到20%以上，1t 原料可以制的200kg 活性肽，每吨肽产品约售价约30 万元/t 以上，可获利润在5 万元。年产100t 活性肽可以获利500 万元。

3.2.7.3 投资规模

厂房及设备造价约为500 万元左右，流动资金约为100 万元左右。该技术适用于乳品生产企业。

3.2.7.4 市场前景及经济效益

乳蛋白水解肽得率可以达到20%以上，1t 原料可以制的200kg 活性肽，每吨肽产品约售价约30 万元/t 以上，可获利润在5 万元。年产100t 活性肽可以获利500 万元。具有广阔的市场前景和经济效益。

3.2.7.5 联系方式

联系单位：中国农业科学院农产品加工研究所

通信地址：北京市海淀区圆明园西路2 号

联系电话：010－62816473

电子信箱：zhbgs5109@126.com

4 蜂产品加工技术

4.1 概述

4.1.1 蜂产品加工行业现状

蜂产品加工指对蜂产品采用物理、化学、生物等手段，使其原有性状发生变化，并达到规定要求的调控过程。蜂产品包括蜂蜜、蜂花粉、蜂王浆、蜂蜡、蜂蛹和蜂毒等。目前，中国蜂群总数已达到901万群，占世界蜂群总数的1/9。中国蜂蜜产量从2005年的29.32万t上升到2014年的46.82万t，10年增长17.5万t，稳居世界第一位，生产、经营规模也在不断扩大。2014年，蜂王浆产量近3 000t，蜂胶毛胶产量450t，蜂花粉产量近1万t，贸易量在5 000t左右。中国蜂王浆、蜂胶、蜂花粉和蜂蜡的产量一直保持在世界前列，贸易规模不断扩大。规模以上的蜂产品企业年销售额超过亿元以上的企业已近30家，过千万元的企业上百家，行业总产值已超过200多亿元。

据海关统计，2015年中国蜂蜜出口量14.48万t，同比增长11.56%，金额达到2.89亿美元，同比增长11.15%；鲜王浆出口713.8t，同比略降3.9%；王浆干粉出口239.8t，同比增长8.7%；蜂花粉出口达到了2 269.5t，同比增长25.5%；蜂蜡出口10 352t，出口金额增长7.4%，各类蜂产品出口规模基本达到历史较高水平。内销市场也进一步扩大，全年蜂蜜销量预计达到34万t左右。

虽然，中国的蜂产品产量位居世界之首，但却不是蜂业效益强国。目前依旧面临许多困难和发展瓶颈，例如，掺杂使假的蜂产品仍然占据着一定的市场，消费者对国产蜂产品的信任危机加剧，传统销售方式单一无法

满足市场需求，新产品研发进展缓慢，缺少新品和精品等问题，急需尽快解决以加速蜂产品的多元化发展进程。

4.1.2 蜂产品加工技术发展趋势

蜂蜜加工在世界各国非常普遍，蜂蜜加工流程主要为：原料蜜→检验→选料配制→预热融蜜→过滤→升温→冷却→预包装→检验→成品。美国采用最新的高压减压工艺，可以杀灭蜂蜜中的细菌而不影响蜂蜜的品质，近年来，超过滤加工技术已被越来越多地应用到蜂蜜中，其工序大多为稀释和预热（提高蜂蜜的流动性）→过滤（有各种类型的滤膜）→浓缩（使蜂蜜含水量恢复到21%）。超过滤蜂蜜很容易与碳酸饮料、发酵饮料混合，滤渣可用于果汁业和饮料业，超过滤蜂蜜开拓了蜂蜜的新用途。虽然近几年我国在蜂产品加工领域取得的巨大进步有目共睹，但在蜂产品种类、生产设备和加工工艺等方面还有待提高。

未来蜂产品加工企业将不断把生物技术和新的食品加工技术应用到蜂产品加工中，蜂产品的加工将向深加工发展，延长蜂产业链。积极开发与蜂产品相关的药品、高级食品、营养保健品、美容化妆品，可提高蜂产品的附加值和竞争力。今后的蜂产品一定要实现种类丰富多样，提高加工技术水平，不断拓宽蜂产品市场，推动加工企业实现生产标准化、规模化、现代化生产。蜂产品加工企业应积极开发具有自主知识产权的加工设备和工艺技术，提高蜂产品的加工技术水平，减小中国在蜂产品深加工领域与发达国家的差距。在国家相关政策的指导下，通过自身不断努力，中国蜂产品加工行业一定会得到长足发展。

4.2 蜂产品加工实用技术

4.2.1 华兴牌蜂王浆咀嚼片

4.2.1.1 技术简介

该产品获得的保健功能——“增强免疫力”。相关论文如下。

《蜂王浆咀嚼片缓解体力疲劳功能评价的研究》发表在《食品科学》2008 年第 9 期上。

《蜂王浆咀嚼片增强免疫力功能实验研究》发表在《食品科学》2008 年第 8 期上。

此外，本产品工艺独特，与同类产品相比，保鲜时间长，蜂王浆含量最高，为纯蜂王浆片，可以成为鲜蜂王浆的替代品。

4.2.1.2 投资规模

投资规模较小，主要需要压片机，以符合保健食品生产加工要求为准。

4.2.1.3 市场前景及经济效益

蜂王浆咀嚼片可以有效缓解体力疲劳，增强免疫力，所需成本较小，市场前景广阔，经济效益良好。

4.2.1.4 联系方式

联系单位：中国农业科学院蜜蜂研究所

通信地址：北京市海淀区香山北沟一号（卧佛寺西侧）

联系电话：010－62593512

电子信箱：mfszhb@126.com

4.2.2 中蜜蜂胶银杏叶软胶囊

4.2.2.1 技术简介

该产品获得了两个功能的保健食品——“增强免疫力”和“辅助调节血脂功能”，主要进行 3 个方面的研究：通过体外实验或动物实验确认生理活性物质及其功能的研究：“增强免疫力”功能方面有细胞免疫功能测试——ConA 诱导小鼠脾淋巴细胞转化实验（MTT 法）、迟发型变态反应（DTH），体液免疫功能测试——抗体生成细胞检测（Jerne 改良玻片法）、血清溶血素的测定，单核—巨噬细胞功能测试——小鼠碳廓清实验、小鼠腹腔巨噬细胞吞噬鸡红细胞实验，NK 细胞活性测定；“辅助调节血脂功

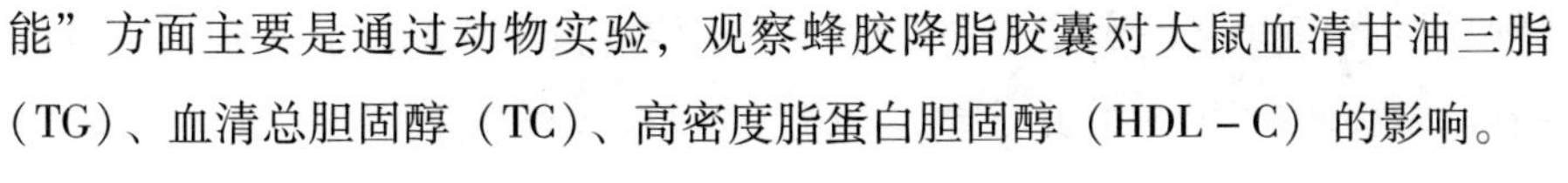

能”方面主要是通过动物实验，观察蜂胶降脂胶囊对大鼠血清甘油三脂（TG）、血清总胆固醇（TC）、高密度脂蛋白胆固醇（HDL－C）的影响。

组方的筛选：依据以下条件。

（1）功能因子和作用机理的研究。

（2）功能因子分析技术的研究。

（3）评价程序和检测方法研究。

（4）技术和工艺研究。

（5）产品开发和市场开拓性研究。相关论文《蜂胶软胶囊辅助降血脂功能作用研究》发表在《食品科学》2008 年第 8 期上。

4.2.2.2 投资规模

投资规模较小，主要需要胶囊灌装机，以符合保健食品生产加工要求为准。

4.2.2.3 市场前景及经济效益

中蜜蜂胶银杏叶软胶囊可以增强免疫力并且辅助调节血脂功能，具有广阔的市场前景和较大的经济效益潜力。

4.2.2.4 联系方式

联系单位：中国农业科学院蜜蜂研究所

通信地址：北京市海淀区香山北沟一号（卧佛寺西侧）

联系电话：010－62593512

电子信箱：mfszhb@126.com

4.2.3 蜂蜜结晶调控技术

4.2.3.1 技术简介

通过研究蜂蜜结晶体显微结构及晶体状态、影响蜂蜜结晶的关键性因素、蜂蜜结晶调控技术（蜂蜜促结晶关键技术研究、蜂蜜抗结晶关键技术研究），优化结晶蜂蜜和抗结晶的液态蜂蜜加工工艺，分别得到了优质结晶

蜂蜜产品和抗结晶蜂蜜半成品。以抗结晶蜂蜜为半成品原料，辅以适量的新鲜果蔬，生产出了果蔬蜂蜜饮专利产品（生姜蜂蜜饮）。

4.2.3.2 主要技术指标

“结晶蜂蜜”日产 5 000 瓶（规格 450g/瓶），拟将出厂价定为 39 元/瓶，年产 96 万瓶的产值为 3 744 万元；“生姜蜂蜜饮”产能为日产 3 000瓶（规格 450g/瓶），拟将出厂价定为 45 元/瓶，即年产 48 万瓶的产值为 2 160 万元。

4.2.3.3 投资规模

“结晶蜂蜜”固定资产投资约 300 万元，流动资金投资约 700 万元；“生姜蜂蜜饮”固定资产投资约 270 万元，流动资金投资约 530 万元。

“结晶蜂蜜”：GMP 厂房，打磨、输送设备等；“生姜蜂蜜饮”：GMP 厂房，姜去皮机、切片机、输送设备等。

4.2.3.4 市场前景及经济效益

根据固定成本以及可变成本计算，结晶蜂蜜实际销售额达到预计销售额的 6.725 %（预计年销售 96 万瓶），“生姜蜂蜜饮”实际销售额达到预计销售额的 9.03 %（预计年销售 48 万瓶），项目投资就可以实现保本。可见，本项目具有很好的经济效益和抗风险能力。

4.2.3.5 联系方式

联系单位：湖南省明园蜂业有限公司

通信地址：湖南省长沙市芙蓉区长冲路 30 号

联系电话：0731－82256498

电子信箱：Hewei3218@126.com

4.2.4 蜂蜜中氯霉素残留的辐照降解方法

4.2.4.1 技术简介

蜂蜜或蜂皇浆装入封闭容器中，充入氮气后，密封容器；将密封的蜂

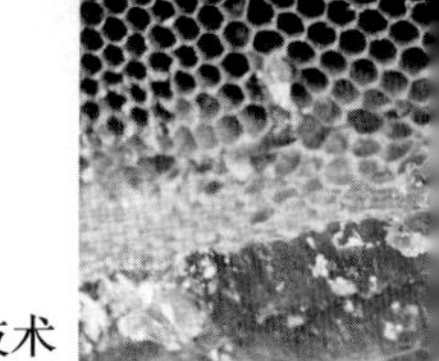

蜜或蜂皇浆用伽马射线进行辐照处理，辐照降解处理剂量范围为4～10kGy。采用本发明辐照降解方法可降解蜂蜜中的氯霉素，使用现有的酶联免疫法和液相色谱分析法检测，其含量降低到0.1μg/kg以下，并保持蜂蜜中各种糖含量、酶活性基本不变，保持原有的外观颜色和风味。该方法操作简便，成本低，可广泛应用。

4.2.4.2 主要技术指标

对蜂蜜中氯霉素含量低于10μg/kg以下，辐照降解处理剂量范围为4～10kGy；对蜂蜜中氯霉素含量高于10μg/kg，可将其稀释后再辐照处理，稀释为加入不含氯霉素的蜂蜜混合，使其混合后氯霉素含量低于10μg/kg。通过辐照可使氯霉素含量降低到0.1μg/kg以下。

4.2.4.3 市场前景及经济效益

可广泛应用于蜂蜜加工企业以及以蜂蜜为原料的其他农产品加工企业，提高产品食用的安全性和营养性。

4.2.4.4 联系方式

联系单位：安徽省农业科学院农产品加工研究所

通信地址：安徽省合肥市庐阳区农科南路40号

联系电话：0551－62160578

电子信箱：hfliuchao@tom.com

4.2.5 不易结晶蜂蜜生产工艺研究及应用

4.2.5.1 技术简介

该成果对温度、清洗、包装材料、脱气、过滤等因素与蜂蜜结晶的关系进行了系统研究，建立了不易结晶蜂蜜生产的工艺流程和工艺参数，实现了不添加任何物质延缓蜂蜜结晶，使蜂蜜的货架期延长了10个月以上。采用显微镜、激光粒度分析、差示扫描量热法等方法，对蜂蜜结晶动力学、热力学进行了研究，探明了蜂蜜结晶的成因。对蜂蜜瓶颈黑圈形成的原因

进行了研究，确定了蜂花粉和铁是形成瓶颈黑圈的两个重要因素，提出了预防措施。

4.2.5.2 主要技术指标

不易结晶蜂蜜生产工艺的研究取得了重要突破，总体达到国际先进水平。延长蜂蜜货架期10个月以上。

4.2.5.3 投资规模

应用范围及前景：所有蜂蜜生产企业。该成果已在北京中农蜂蜂业技术开发中心推广应用，显示了较强的市场竞争力和市场前景，具有广阔的推广应用前景。并且投资小，见效快。只需一些专门的蜂蜜加工设备。

4.2.5.4 市场前景及经济效益

如果将不易结晶蜂蜜生产工艺研究成果向全国蜂产品企业推广，由于该技术可以改善产品质量和延长货架期，可以进一步促进销售和提高产品附加值，促进出口创汇，预计直接经济效益可达20亿元。本成果符合现代人民消费需要，从而带动养蜂业的发展，促进蜂业增效、蜂农增收和出口创汇，有利于我国养蜂业持续健康稳定的发展。

4.2.5.5 联系方式

联系单位：中国农业科学院蜜蜂研究所

通信地址：北京市海淀区香山北沟一号（卧佛寺西侧）

联系电话：010－62597059

电子信箱：pengwenjun@ vip. sina. com

参考文献

REFERENCES

李增杰，程勤阳，等 . 2015. 中国农产品加工业重点行业研究报告［M］. 北京：中国农业出版社 .

罗欣 . 2013. 国内外肉类加工技术的现状和发展趋势（上）［J］. 四川畜牧兽医，(12)：9 - 11.

马美湖 . 2005. 我国蛋与蛋制品加工重大关键技术筛选研究报告（三）［J］. 中国家禽，27（1）：3 - 5.

王美英 . 2015. 乳品加工的关键技术和主要设备［J］. 中国新技术新产品，(6)：35.

张怀珠 . 2007. 蜂产品的加工现状及发展趋势［J］. 甘肃农业，（12）：52 - 53.

郑平 . 2011. 关于加快禽蛋加工业发展的思考［J］. 台湾农业探索，(3)：46 - 49.

周萍 . 2010. 我国蜂产品加工技术现状、质量控制要求及对策刍议［J］. 中国蜂业，5（61）：46 - 47.